LIVING
DESIGN
OF THE WORLD

CASA LIVING 編輯部

一次搞懂
全球流行居家設計風格

以及名家眼中的設計美學
160個最受矚目經典品牌，
111位最具代表性設計師、

朱雀文化

讓生活更美好的
居家設計

　　近來全世界對生活品質的關心度越來越高，而其中影響生活趨勢潮流的關鍵，「設計」更是注目焦點。設計，已經成為現代人挑選家具，甚至是一件小物品的標準了，套一句最近剛見面的義大利家具品牌市場總監的話：「就連流行週期最長的家具，近來也有所謂『熱門顏色』。」平常就注意設計與家具的《CASA LIVING》讀者，一定參觀過著名的北歐家具設計師Finn Juhl的家具展，也注意到最近在許多咖啡店裡開始出現Charles & Ray Eames的Side Shell Chair、Verner Panton的Pantone Chair、Arne Jacobsen的Egg Chair，還有經典復古的Tolix Chair等等。

　　對家具品牌的講究，就跟關心時尚與美容一樣，也有一兩個自己中意的品牌。近來陸續聽到經常跟Philippe Starck合作的義大利家具品牌Kartell、既實用又充滿法式風情的法國家具品牌Ligne Roset、在工業設計脈絡裡具有重要地位，推出的系列商品總是銷售長紅的瑞士家具品牌Vitra、最近將新北歐設計的力量發揮到淋漓盡致的Hay等品牌商品大賣的訊息，義大利設計大師Alessandro Mendini為了孫子所設計Ramun的Amuleto檯燈，一推出就被搶光，很多人甘願花時間等待廠商進貨。現在已經到了設計全球化的時代，每個國家發展出的精品品牌，都有其國家的特色與感性，懂得欣賞的人便能明白擁有的快樂，現在我們已經準備好要把那一份快樂分享給大家了。

《一次搞懂全球流行居家設計風格》有一般居家雜誌不曾嘗試過的深度內容，重新彙整不同國家的設計特輯，用一般讀者會感興趣的角度，帶出生活設計師和品牌介紹。以充滿洗鍊與感性擄獲全球人心的北歐風格打頭陣，依次介紹凸顯正統性與品味的法式設計、設計強國並兼具革新與巧思的英式設計、主導生活潮流的設計大國義大利設計、以信賴為設計基礎的德國設計、多種文化兼容並蓄的設計最大市場美國設計。

　　內容有各國的世紀設計師簡歷與其代表品牌、專家介紹等等，也會提及一些設計展覽。尤其是設計師簡歷這一部分，為了閱讀上的方便，我們會以年代順序排列，同時整理出設計師們的代表作品，這樣的介紹方式可幫助讀者更快認識一些比較陌生的設計師。

　　透過本書，希望大家可以跟生活設計有更進一步的接觸，領略設計的價值，並從中得到樂趣。

CASA LIVING 編輯部

目次
Contents

Creative British 創意英國

北歐生活

同時滿足感性與設計的北歐生活風格，
深深擄獲現代人心。
樸素不失洗鍊，雖華麗卻又低調的設計。
接下來介紹世紀風靡的北歐設計師與品牌。

Scandinavian Living

當生活風格
演變為設計風格

北歐式設計並非專為「美麗」而誕生，
而是完整保留北歐人適應大自然與社會環境的一種過程，
從中散發出北歐設計的魅力，以及設計哲學的傳遞。

01 02

01 以種植樹木代替堆築高牆，保留了原始的自然。
　 ©Amie Ann
02 充分反映芬蘭精神的菲斯卡斯小鎮（Fiskars），
　 依然保留著非常傳統的打鐵舖。©Iittala

風靡現代的北歐式設計

新鮮、刺激的元素已不再受這個時代歡迎，熟悉、舒適、溫暖的慰藉感遠遠取代了膚淺的誘惑與炙熱的慾望。現在媒體的矚目焦點是復古與懷舊，不再是輩出、陌生的「新品牌」（Brand New）了，就像是老歌與古早古早的故事，或者是重新發現小東西的偉大之處等等。現代人不再只顧著往前奔跑，開始懂得喘氣與休息，於是對設計的價值觀也產生了巨大變化。大眾轉向喜歡能夠隱約凸顯素材本質的設計，而非一昧追求華麗裝飾與細節強調；空間上必須要有留白，而非一個勁兒的填滿與布置。近幾年，家具&家飾展（Maison&Objet）、家用紡織品展覽會（Heimtextil）、米蘭家具博覽會等國際性展覽的主題，也都強調簡約（Simplicity）、自然（Nature）、原始（Raw），正好反映上述所提到的要求。對於渴望保留本質、沒有太多累贅、簡單、可以感受到溫度，另一方面又保有設計完成度的現代人來說，北歐風格的設計，就像一針一線量身定製的高級時裝。

北歐式設計的本質，雖然起於環境性與社會性的缺乏，卻也進化成偉大的創造。在過去幾年，北歐式設計一直都是我們的生活話題，它使我們重新思念大自然、人與人之間情感的交流與舒適的居所，也蘊藏了達成和諧生活的基本單位。

惡劣環境下誕生的實用設計

瑞典、丹麥、挪威、芬蘭以及冰島這些北歐國家，最大的共同點就是冬天酷寒而且冗長，冬天平均溫度保持在零下12度，因為接近極地，日照時間非常短。由於天氣經常處於陰暗，曾有統計顯示北歐是罹患「憂鬱症」最多的民族。當地人可以盡情享受明亮、舒服的「夏天」，只有短短的三個月，也就是說，必須先苦等九個月，才能等到快樂的三個月。北歐人待在家裡的時間相對很長，北歐的家具和生活用品之所以會如此堅固耐用與兼具美觀，以及促使世界知名的燈具品牌Louis Poulsen的誕

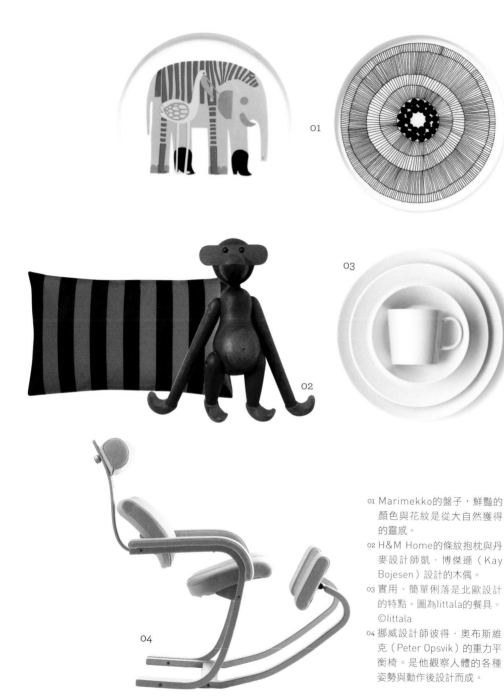

01 Marimekko的盤子，鮮豔的
　顏色與花紋是從大自然獲得
　的靈感。

02 H&M Home的條紋抱枕與丹
　麥設計師凱‧博傑遜（Kay
　Bojesen）設計的木偶。

03 實用、簡單俐落是北歐設計
　的特點。圖為littala的餐具。
　©littala

04 挪威設計師彼得‧奧布斯維
　克（Peter Opsvik）的重力平
　衡椅。是他觀察人體的各種
　姿勢與動作後設計而成。

生，也都跟生活環境有密切關係。就像工匠人（Homo Faber）這個專有名詞，北歐人把許多時間投注在室內的創作活動上。抄起鑽子、十字鍬等工具親手修理屋子、布置庭院，是北歐人日常生活一景，也難怪專門販賣剪刀、鋸子、割草機的芬蘭庭園工具品牌菲斯卡斯（Fiskars）會如此熱銷。他們利用從周遭環境取得的材料親手製作的產品，就是北歐設計的始祖，這裡所指的材料便是生長在凍土層地區的樹木。北歐農作物的產量雖然極少，卻長滿了堅固易塑型的樹木，所以應用木頭的技術優於任何一個民族，在北歐隨處可見的白樺樹就是最佳代表。芬蘭的著名設計師阿爾瓦爾‧阿爾托（Alvar Aalto）以白樺樹做成的「Stool E60」與「Paimio Chair」便是經典一例，椅子造型線條流利，超越了木頭材質的極限，簡直到達了藝術的境界。這樣的技術對於促成強調人體工學的家具發展也有莫大的影響，Stokke與Hag這兩個品牌生產的機能椅，也是按照人體的曲線設計的，充分展現高水準的品質。有些人會刻意購買「仿北歐風格的木造家具」，是很沒意義的事，因為模仿到的只是外觀而不是精神。

北歐式民主主義，打造設計強國

北歐設計強調的人性溫度，從努力克服環境的意志開始，事實上跟社會文化背景「北歐式民主主義」也有極密切的關係。韓國設計師安愛京所寫的《北歐設計》一書也提到：「年輕的北歐設計師們想要透過設計把政治性的訊息傳遞出來，所以在1930年代的時候，價格合理的產品逐漸普及。」這些感性的設計師們崇尚極簡主義，就是為了「高品質的平等」這個目標，家喻戶曉、素有家具王國之稱的IKEA，正是擁有此強烈特性的品牌。流行品牌H&M旗下的H&M Home的特點之一，就是價格親民、容易擁有，而這樣的理念、原理，並非只能套用在商業設計上。

從公共設施的設計，也可以看出北歐國家保護社會弱者的企圖，例如考慮到小朋友上下樓方便性的樓梯設計、為了防止人行道被佔用而設置的長椅等等，就是很好的例子。

北歐設計，兩面魅力

象徵北歐設計的產品主要有兩大類，一種是簡約、充滿溫暖感性的工藝品，另一種是散發現代感性的設計家具。凱‧博傑遜（Kay Bojesen）設計的木偶與彼得‧奧布斯維克（Peter Opsvik）的機能椅，就是兩種類型的代表，差異之大甚至到了相互矛盾的地步。北歐的生活形式確實存在非常極端的兩面，例如在野性的大自然中，為了生存而極度發達的技術文明便是，世界最早推出革新產品的Electrolux、Bodum、Nokia等品牌的搖籃地便是北歐。

從北歐的設計關鍵詞之一「簡約」，也可以看出兩面性。不失溫的簡約（跟德國產業設計展現的冰冷、理性的簡約不一樣）便是其中一面。在十九世紀後半期與二十世紀初這段時期，設計趨勢脈動以機能、簡約為主，雖然北歐的設計卸下過多裝飾，另一方面也注入了大自然跟人類感性的元素。從咖啡杯到裝飾家裡的窗簾、裝飾品，都可以看到燦爛耀眼的夏天風光，像芬蘭的時尚生活品牌Marimekko，就有許多外觀俐落、花紋輕快的產品，北歐的峽灣風光與冰塊、雪的結晶體等等，也成為設計的美麗元素，以玻璃工藝著稱的Iittala，也是這類設計的代表性品牌，有許多充滿北歐大自然元素的產品。

北歐設計重視人文並且注重工法，一方面又強調親近大自然的現代主義，能夠如此細水長流的原因，就是在於以「讓所有人都可以共存的設計」代替「為了設計而設計」。

資料提供／安愛京《北歐設計》時空社

舊家具與摩登燈具的完美互搭，是北歐空間才有的特徵。©Northern Lighting

北歐的設計師們 1888～1977

Designers

認識名留北歐設計史的知名人物與年輕設計師，可以了解
風靡全世界的北歐設計動向。

Kaare Klint 1888~1954

1

凱爾‧克林特

他也是一位建築家，當過皇家丹麥學院的教授，是對櫥櫃、丹
麥家具的設計有重大影響的人物，更多人知道他是丹麥建築家
彼得‧威廉‧詹森‧克林特（Peter Vilhelm Jensen Klint）的
兒子。他設計的家具是建立在建築之上，其建築實績有翻修托
瓦爾森博物館（Thorvaldsen's Museum）、建造管風琴教堂
（Grundtvig）與福堡博物館（Faaborg Museum），在建造這些教堂、博物館的
過程中，更親自設計了像是教堂椅、福堡椅（Faaborg Chair）等家具。與其說他
的作品受到當代影響，倒不如說他把研究重心放在機能與材質的挑選和活用上。

國籍／丹麥
主要作品／教堂椅、福堡椅、基爾凱斯托倫椅（Kirkestolen Chair）

基爾凱斯托倫椅，直
譯的話就是教會椅
子。該款椅子是1930
年為哥本哈根伯特利
教會（Bethlehem
Church）而設計。

Poul Henningsen 1894~1967

保爾·漢寧森

是最早建立出一套照明理論的燈具設計師與建築家。1924年他設計出有多層傘蓋的PH燈，那並不單純只是照明的燈具，而是有設計感、引人目光、極具爆發力的作品，整座燈散發出一種戲劇性的光影，能夠照亮整個空間。PH洋薊是他眾多代表作品之一，透過科學分析的基礎，讓像花瓣的部位做精巧的排列，360度皆可散發出美麗光線，也使摩登的氣氛達到最高潮。擁有優雅比例的PH 2/1與PH 4/3也是出自保爾·漢寧森之手，被統稱為PH系列燈具。

國籍／丹麥
品牌／Louis Poulsen
主要作品／PH Lamp，PH Louvre， PH2/1 ，PH4/3，PH洋薊（Artichoke）

2

保爾·漢寧森的代表作PH洋薊，是他在1958年設計的作品。參考了菊花科植物洋薊的外型，看起來像花瓣的部位是金屬板做成的。

Alvar Aalto 1898~1976

阿爾瓦爾·阿爾托

芬蘭建築家、設計師，進行過家具、紡織品、玻璃器皿的設計。1920年他開始將建築的概念延伸到家具設計上，把家具視為空間裝潢的一部分，將注意力傾注在小細節上，並拓展對設計的理解範圍。他為了帕伊米奧結核病療養院設計了線條柔和的「L」型家具，無疑為家具帶來革命性變化，設計的目的是希望能帶給病患安全感。他在1935年成立結合藝術與科技的Arteck公司，推出擁有像Tea Trolley 900、Tea Trolley 901、「L」型曲線美的Stool與椅子系列。

國籍／芬蘭
品牌／Artek，Iittala
主要作品／Stool E60、Tea Trolley 900，Tea Trolley 901、Arm Chair 400

3

1963年在米蘭三年展（Milano Triennald）登場亮相的Arm Chair 400，是阿爾瓦爾·阿爾托的著名設計之一。

Arne Jacobsen 1902~1971

4

阿納‧雅各布森

據說他原先是想成為畫家的，後來接受父親的建議，改專攻比較穩定的建築學，在學生時期就有參加巴黎裝飾藝術展的經驗，實力深獲肯定，非常醉心於華格納的綜合藝術（Gesamtkunstwerk / Total Work of Art），為了不讓自己侷限在建築領域裡，也著手做產品設計，深受Charles & Ray Eames的彎曲合板設計，與義大利設計歷史學者Ernesto N Rogers的影響。代表作品螞蟻椅，是1951年專為諾布製藥公司裡的餐廳設計的，除了忙自己的事業，也替養子彼得（Peter Holmblad）經營的品牌Stelton操刀設計。

天鵝椅與蛋椅是1958年專為SAS皇家酒店設計的。

國籍／丹麥
品牌／Fritz Hansen、Stelton
主要作品／天鵝椅（Swan Chair）、蛋椅（Egg Chair）、螞蟻椅（Ant Chair）、7系列椅（Series 7 Chair）、壺椅（Pot Chair）、圓柱系列（Cylinda Line）。

Bruno Mathsson 1907~1988

5

布魯諾‧梅特森

身為櫥櫃製造世家（cabinetmakers）的第六代孫子，對他來說，「木頭」是再熟悉不過的材質了。自小在耳濡目染之下，精確掌握了木頭的特性，天生就是個當家具設計師的料。1930年舉辦生平第一場展示會；1937年他在巴黎世界博覽會上以Paris命名所展示的床，為他贏得大賽獎的榮譽。布魯諾‧梅特的作品被定義為簡單、美麗與優雅，他也懂得創新技術，把超耐磨木（Laminate）加工彎曲，留下許多為人津津樂道的作品，不管擺在什麼空間，都是矚目焦點。

1965年設計的旋轉椅Jetson 66，使用鋼鐵（Steel）材質，是兼具摩登與古典的作品。

國籍／瑞典
品牌／Bruno Mathsson International、Piet Hein Eek、Fritz Hansen
主要作品／Jetson 66、Mimat、Mia、Mina、Eva
網址／www.bruno-mathsson-int.se

6

埃羅・沙里寧

芬蘭設計師、建築家埃里爾・沙里寧（Eliel Saarinen）之子，他在完成雕刻學業後進入耶魯大學念建築，1963年回到美國後，跟隨父親從事建築工作。他在家具設計上的處女作，便是與查爾斯 & 雷・伊姆斯（Charles&Ray Eames）合作設計的有機椅（Organic Chair），之後又陸續設計出廣為人知的鬱金香椅（Tulip Chair）、蚱蜢椅（Grasshopper Chair）、橢圓型咖啡桌（Oval Coffee Table）等等，均深受世人喜愛；甘迺迪機場內的TWA航廈也是經典代表作品之一。

國籍／芬蘭
品牌／Knoll
主要作品／有機椅、鬱金香椅、蚱蜢椅、子宮椅（Womb Chair）
網址／www.eerosaarinen.net

1940年與查爾斯 & 雷・伊姆斯一起設計的有機椅。為紐約現代美術館（MOMa）的有機設計居家擺設得獎作品。

7

芬尤

室內設計師、商品設計師與建築家，在家具設計領域的聲望最高。芬尤是引領1940年代丹麥設計的風雲人物，也是把丹麥設計介紹給美國的「始作俑者」。原本他是想成為歷史學家的，因為父親的反對，後來到丹麥皇家藝術學院主修建築學系。他的初次亮相是在1937年的櫥櫃展覽上，後來透過Niels Vodder又推出更多樣的作品。1945年成立自己的設計工作室，以設計師、教育者的身分活躍於丹麥，1950年透過倫敦、芝加哥、紐約等地舉辦的展覽會，讓世人見識到丹麥設計師的可能性。

國籍／丹麥
品牌／Baker
主要作品／Pelican Chair、Model 45、Wall Sofa、Chieftains chair
網址／www.finnjuhl.com

芬尤保留有機型態的代表作品。Pelican Chair跟Model 45（45號椅子）都是芬尤的著名代表作，是他受到Free Art啟發靈感的最好例子。

8

摩根森

Kaare Klint曾經以「優人
一等的才能與技術」稱讚
他的得意門生摩根森。
他在1950年創立自己的
工作室,之後就一直專

注在設計上,從1955年開始與Fredericia
Furniture攜手合作,用超過二十年的時
間,把新世代設計付諸實現,展開一連串
的創新。摩根森在蘇黎世、倫敦、紐約、斯德哥爾摩、
巴黎、哥本哈根等地舉辦過單獨展覽,都獲得極高的評
價。他獨特的作業方式、精細的手工以及獨特眼光,影
響許多後進設計師。他也是個懂得創新、不侷限傳統方
式製作家具,隨時追求更多可能的設計師。

國籍/丹麥
品牌/Fredericia
主要作品/Hunting Chair、Spanish Chair、Spoke-Back sofa

Huniting Chair是1950
年設計的作品,後面呈
現比較低的型態,是以
Hunting Lodge為主題的
展覽而設計的作品。

9

漢斯・威格納

著名的丹麥家具設計師,跟摩根森
是同個時期的設計師。Danish
Modern椅的經典之處
在於它的完美比例、精
巧無隙縫的構造,簡單且適

合大量生產。其他讓世人見識到完美和平藝術
(Peace Art)的作品,還有CH24-Y Chair、
Peacock Chair、Shell Chair、Valet Chair等
等,到現在依然深受大眾喜愛。威格納的設
計多達四百多種,他對設計總是滿懷熱情,
而且非常努力,從他的名言「椅子是不存在的,因為做
出完美椅子,是人類永遠達不到的課題」就能看出。

國籍/丹麥
品牌/Fritz Hansen、Carl Hansen & Son
主要作品/CH24.25.07、The Chair、PP701、Peacock
Chair、China Chair、Valet Chair

CH07又名Shell Chair,是
漢斯・威格納作品。自從
1963年誕生以來,一直是
丹麥設計的代表。原始系
列因為製作費太高,所以
沒能長久經營。

約翰・坎德爾

他的作品散發出一股濃濃的藝術氣息，例如擁有很多小分層的架子Pilaster便是，從造型獨特的休閒椅Villain、有誇張拉長效果的Camilla也能看出端倪。約翰・坎德爾在1950年代因裝潢、家具設計而聲名大噪，他在建築、玻璃、紡織等領域都有功績。1980年，他的復出作品風格非常靈活生動，驚豔了所有人。他是位全方位藝術家，在雕刻、油漆、建築、家具都有亮眼的表現，對空間的感性、曲線感、均衡感、色彩的表現，都有成熟的表現，畢卡索畫作與想像空間對他造成了很深遠的影響。

國籍／瑞典
品牌／Kallemo
主要作品／Pilaster、Camilla、Solitar、Vilan

誕生於1989年的Pilaster是約翰・坎德爾的名作，也是許多人的願望清單之一。結構簡單，同時兼具美觀與實用。

維納爾・潘頓

善用1960年代swing與1970年代POP風格，設計出用色大膽、饒富感情的家具、照明與幾何學織品的大師，他的設計風格鮮明直率，而且極度具有魅力。他是建築家，也是家具、織品、照明設計師，代表作品有用自己的名字命名的Panton Chair、甜筒造型的Cone Chair、幾何學圖案的Geometri等。

國籍／丹麥
品牌／Vitra、DJOB、Verpan、VS
主要作品／Panton Chair、Cone Chair、Living Tower、Tivoli、Amoebe
網址／www.verner-panton.com

Panton Chair為一體成型的塑膠材質椅子，誕生於1960年，是他結構簡單、線條清晰的代表作品之一。

12

保羅・奇耶爾赫姆

在他1980年去世以前，一直是設計北歐風格美麗家具的設計師，雖然保羅是傳統北歐風格家具的發言人，不過他並不是那麼傾心於北歐自給自足的方式，他將視野放在全世界。更因為他是一位經驗老道的櫥櫃設計師，總是力求完美，就連微小的細節也不放過。受到畫家蒙德里安與建築家Gerrit Rietveld、Mies Van Der Rohe的影響很深，設計風格被定義為淨化、完美與要求細節。

國籍／丹麥
品牌／Kjaerholm Production
主要作品／PK11、PK55、PK62、PK65
網址／www.kjaerholmproduction.dk

PK11堪稱世界上結構最簡單的扶手椅。誕生於1957年，以不鏽鋼、木頭與皮革等材質做成。

13

艾洛・阿尼奧

在產業設計界，艾洛・阿尼奧素有塑膠材質設計大師的美譽。塑膠是產業化的代表材質，最大的優點就是造型、顏色包羅萬象，想得到的都做得出來，所以有很多深具功能性、能夠傳達愉快訊息的作品陸續問世。從Ball Chair到Pastil Chair、Tomato Chair等作品，充分表現出「不尋常」的設計與獨特的愉快氣息。也因為這樣，在許多電影、廣告、雜誌中，都可以輕易找到阿尼奧的作品。

國籍／芬蘭
品牌／Adelta、Vitra Museum
主要作品／Ball Chair、Pastil Chair、Tomato Chair、Mushroom Chair、Parabel Table、Tipi
網址／www.eeroaarnio.com

艾洛・阿尼奧最著名的設計Ball Chair。因為曾在韓國某廣告裡登場亮相而知名度大開，誕生於1963年。

克莉斯汀娜・伊索拉

芬蘭著名時尚＆生活風格品牌Marimekko的設計師，也是大名鼎鼎的梅嘉・伊索拉（Maija Isola）的女兒。她跟母親一樣，都是芬蘭著名的織品設計師，她十六歲時為了幫助母親描繪布料，因而走上設計一途，是資歷豐富的實力派設計師。1978～1987年之間曾為Marimekko設計過產品，從自己的作品以及為母親而創作的設計，都用了讓人眼睛為之一亮的新鮮色彩。

國籍／芬蘭
品牌／Marimekko
主要作品／Sola Bedding、Kaivo Tray、Pieni Unikko Tray

伊索拉母女創作的花紋Unikko（罌粟花），被應用在餐具、床單、時尚、飾品上。照片為Unikko花紋的托盤。

保羅・克里斯汀生

出身於丹麥哥本哈根的建築家、設計師，他從1969年成為自由工作者，開始跟燈具品牌Le Klint A/S合作設計燈具，加上在Ib與Jorgen Rasmussen的九年工作經驗，累積出深厚的設計實力。在1987年時，與工業、平面設計師Boris Berlin攜手創立Complot Design工作室，一直合作至今。像水波紋般的白色吊燈，是他深植人心的作品。

國籍／丹麥
品牌／Herman Miller、Le Klint
主要作品／Le Klint 167、172、342、Little Nobody、Frame、Genus、Non Chair

保羅・克里斯汀生代表作之一「Le Klint 172C」。1971年的版本是原型，到了2009年設計成各種尺寸，可以依照需求放在大廳、餐廳等各個不同的空間。

16

Gunilla Allard 1957~

圭妮娜・阿拉德

深受媒體與大眾的喜愛，經常被北歐設計雜誌介紹的設計師。圭妮娜的設計曾在歐洲各地抱走大大小小的獎項，實力深受肯定。她設計的領域涉足商業產品與裝潢，1988年開始設計櫥櫃，之後陸續有馬戲團、戲院裡的扶手椅、加州安樂椅等作品誕生。重視細節與用色大膽是圭妮娜的祕密武器。Portrait Photo Credit © Hans Runesson

國籍／瑞典
品牌／Lammhults
主要作品／Cosmos Chair、Chicago Easy Chair、Cinema系列

1998年設計的芝加哥安樂椅外型時尚優雅，椅子正面鋪了整排的半月形聚氨酯泡棉，不僅外觀獨特，坐起來更是舒服。

17

Hans Sandgren Jakobsen 1963~

漢斯・山格林・雅各布森

為2009年芬尤獎得獎人，引領著北歐設計界，是一位實力深獲世人肯定的設計師。他很重視三件事情，分別是革新、美學與功能，設計的風格清新美麗，而且機能性也很好，充滿了北歐設計的精神。他把「Less is More（少即是多）」奉為金句，「家具必須只保留有用的設計，透過這樣的觀念才能使明確、單純的設計誕生」，由此可見他追求本質的信念。

國籍／丹麥
品牌／Fritz Hansen、Fredericia
主要作品／Dialog系列、Viper、Victor、Artic、Karat
網址／www.hans-sandgren-jakobsen.com

1996年替Fritz Hansen設計的隔板（partition）Viper，Viper意指毒蛇，外觀特徵就像蛇一樣彎彎曲曲。鋁製材質，重量很輕卻很堅固。

18

托瑪士·博恩斯特朗德

堪稱精力最充沛、最有活力的設計師,他的作品主要透過Swedese、Muuto這些年輕活力的居家用品品牌跟大家見面。在他進行設計時,會徹底實現「點子」這兩個字,對他而言,設計的核心是強烈並具體的構思,所以他的作品往往可以帶領現代人往不同的生活方式與方向邁進。1999年以自己的名字開設工作室Bernstrand,作品涵蓋很廣,家具、戶外公共設施進行的相關設計等等都有。

國籍/瑞典
品牌/Swedese、Muuto、Horreds、Nola、Materia
主要作品/Subway Notice、Ivy、Four Season、Hinken、Log
網址/www.bernstrand.com

Ivy是一種可以往上堆疊的置物架,可以選擇往右或是往左傾斜,這件作品在2011年斯德哥爾摩家具大展上獲得「Forms+1」的獎項。

19

露意斯·坎貝爾

非常受到矚目的年輕設計師,與國際知名的廠商Royal Copenhagen、Louis Poulsen都有合作關係。她把北歐的傳統風格與女性的纖細感融為一體,作品中Honesty、Bless You的線條美,正是她的正字標記。露意斯設計的家具就像一件細膩的雕刻品,把光線跟影子通通吸進裡面。相信年輕的她將會把北歐設計帶往另一個新世代。

國籍/丹麥
品牌/Louis Poulsen、Royal Copenhagen
主要作品/Honesty、Bless You、Prince Chair
網址/www.louisecampbell.com

露意斯·坎貝爾的代表作之一Prince Chair,是2001年的時候,專為丹麥王子設計的。

20

海瑞・科斯吉能

世界居家生活品牌中，備受矚目的工業設計師兼建築家。結束赫爾辛基的學業後，海瑞這個幸運兒在1998年創立了自己的工作室，並且在非常短的時間內享譽國際。他的作品透過跟芬蘭Iittala的合作開始登場亮相，設計領域包山包海，像是燈具、家具、餐具、玻璃器皿、織品、圖案等等。海瑞認為「擁有一個明確的理由去進行新的創造」是非常重要的。在日本品牌無印良品，也可以找到他設計的作品。

國籍／芬蘭
品牌／Alessi、Arabia、Artek、Hackman、Iittala、Muji、Swarovski、Woodnotes
主要作品／K Chair、Bello、Lento、Cozy
網址／www.harrikoskinen.com

Cozy的玻璃材質透露出一種寧靜美的特質，共有白與灰兩個顏色。深夜的時候，更能營造出一種溫暖氣氛。

21

約翰・卡本那

卡本那曾從事很久的平面設計，累積了許多這方面的專業實力，所以他的作品主要以圖案美麗、獨特的織品為主，他將紋理的感覺三次元化，並移花接木到照明與家具身上。其作品有用細膩刻畫出的October、簡單卻給人強烈感覺的Beam，以及充滿嬌柔、復古風的Luchsia燈具。他追求的並不是大眾取向，而是將重點放在過去還不曾嘗試過、具有差別化的風格。北歐設計充分融合了個性，這正是卡本那設計的創作來源。

國籍／瑞典
品牌／Zero、Duro Sweden、Krebs、A Carpet
主要作品／Luchsia、October、Beam
網址／www.johancarpner.se

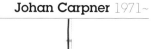

外觀簡單，裡面卻蘊藏無限奢華的燈具October，是從織品設計延伸出來的作品。

賽西莉‧曼茨

賽西莉‧曼茨擁有豐碩的獲獎
記錄，比方布魯諾‧梅特森
獎、芬尤國際建築獎、iF‧
Danish設計獎等等。前
面提到露意斯‧坎貝爾
設計風格偏向女性、溫柔婉約，賽西莉則是走熱
情、簡潔的風格。在她完成哥本哈根與赫爾辛基
的學業後，於1998年選擇在哥本哈根開設自己的
工作室，進行一些如家具、玻璃器皿、燈具等的
商業設計。她的作品風格呈兩極化，有華麗色彩
的摩登風與保留原貌的簡約風，不管哪一種都可
以看出北歐的設計特徵。

國籍／丹麥
品牌／Lightyears、Moorman、Muuto、Fritz Hansen
主要作品／Wicker Bread Basket、Caravaggio燈具、
Essay、Mondrian
網址／www.ceciliemanz.com

為Fritz Hansen設計的桌子
Essay，線條簡單，充滿賽西
莉特有的簡潔與端莊。

挪威說

雖然照片上看起來
這些設計師帶著一
種玩世不恭的表
情，讓人以為他們
走的是反骨的設計
路線，事實上他們是走獨特鮮明的風格，團隊裡年紀最大與最
小的相差十一歲，當然這永遠不是問題，只要大家齊心一致，
就能產出優秀的作品。這支設計團隊在2000年以奧斯陸為據
點，開設了工作室，透過在米蘭、斯德哥爾摩、倫敦等地舉辦
的居家生活展開始大放異彩。他們在商業、家具、裝潢領域展
現出色的設計實力，贏得國內外許多獎項。維多利亞與阿爾伯
特博物館、奧斯陸藝術博物館裡都有收藏他們的作品。

國籍／挪威
品牌／Classicon、Muuto、Lucente、LK Hjelle
主要作品／Cyclos系列、Juno、UGO Small Module、Man、Break、
Boo

造型美麗獨特的玻璃瓶
Boo。看起來像會呼吸的皮
膚，也像裝滿水的氣球，
既簡單又剔透的玻璃器
皿，是一件具有強烈風格
的作品，高27.5公分。

24

斯塔芬‧霍爾姆

如果要選出最忠於北歐設計正統性的設計師,絕對是由斯塔芬‧霍爾姆拔得頭籌。他喜歡手工製作,並且同時追求技術的創新。身為瑞典年輕設計師,把重心放在追求能夠刺激感性的設計,而不是一味的講求功能性,不喜歡大量生產的產品,鍾情於極具工藝手感的製作流程。因為是與眾瑞典傑出工藝大師們聯手進行打造,他的作品充滿了品味與溫度,曾經獲得2010年瑞典EDIDA家具大獎、2009年北歐設計大獎,實力備受各界肯定。

國籍╱瑞典
品牌╱Hay、Kallemo K、Klong、Swedese
主要作品╱Milk Stool、Spin Stool、Spot Side Table、Newton Sofa Table
網址╱www.staffanholm.com

為Swedese設計的產品Spin Stool,一推出就獲得市場廣大迴響。外型美麗大方,充分發揮巧思,可以堆疊起來節省空間。

Heart Cone Chair、有機型態的Panton Chair、色彩鮮麗的花盆，都是維納爾‧潘頓（Verner Panton）的作品。

27個北歐各國風格品牌

Best of 27

從眾多品牌中,也可以看出整個二十一世紀的設計走向,
更透露出各國的設計端倪,
接下來透過知名的瑞典、挪威、芬蘭、丹麥等國家的品牌,
了解北歐設計。

北歐設計發源地
丹麥

Normann Copenhagen

Normann Copenhagen是能夠窺視出丹麥設計現狀的眾多品牌之一，善用嶄新的巧思改造日常生活用品，創造更多設計的趣味。Normann Copenhagen是瓊·安德生（Jan Andersen）與保羅·馬德森（Poul Madsen）衝著想讓大眾看到「有點不一樣」的設計，在1999年成立於哥本哈根。創業三年後，Normann Copenhagen的著名燈具「Norm69」誕生，品牌的知名度也開始水漲船高。

主要產品／椅子、家具等生活用品
代表設計師／歐立·顏森（Ole Jensen）、蕾琪·哈根（Rikke Hagen）、柯蕾蒂斯（Claydies）、傑斯佩·凱·湯姆森（Jesper K. Thomsen）
www.normann-copenhagen.com

Fritz Hansen

Fritz Hansen是1872年在丹麥哥本哈根成立，剛開始以生產家具零件為主，到二十世紀中半期後，開始跟優秀的設計師合作，轉型為生產講究功能性、外觀美麗、品質優良的家具公司，其中心設計師有阿納·雅各布森（Arne Jacobsen）。與阿納·雅各布森起於1934年的合作緣分，促使丹麥家具史上最成功的螞蟻椅（Ant Chair）的誕生，之後陸續有蛋椅（Egg Chair）、天鵝椅（Swan Chair）的接力，為設計史寫下新的一頁。

主要產品／椅子、桌子等家具
代表設計師／阿納·雅各布森（Arne Jacobsen）、保羅·奇耶爾赫姆（Poul Kjaerholm）、維納爾·潘頓（Verner Panton）、布魯諾·梅特森（Bruno Mathsson）、潔梅·海恩（Jaime Hayon）
www.fritzhansen.com

Royal Copenhagen

Royal Copenhagen是象徵丹麥的文化遺產，擁有兩百年的傲人歷史，一直以來堅守著「世界頂級瓷器品牌」的名譽。Royal Copenhagen成立於1775年，是丹麥皇后茱莉安‧瑪麗資助成立的皇家御用燒瓷廠，以工匠精神生產高品質的瓷器。高水準工藝品丹麥之花（Flora Danica）與大唐草餐瓷（Blue Fluted）光是一個盤子就要用上1197次筆觸才能完成，儼然是世紀名瓷的水準。

主要產品／餐具器皿
代表設計師／克里斯汀‧尤阿金（Christian Joachim）、凱倫‧卡傑高爾‧拉來森（Karen Kjældgård-Larsen）、露意斯‧坎貝爾（Louise Campbell）
www.royalcopenhagen.com

Bang & Olufsen

世界最高級、高知名度的音響品牌之一，1925年由彼得‧博厄斯‧邦（Peter Boas Bang）與斯文德‧歐路夫森（Svend Olufsen）共同創立。他們推出最高品質，散發濃厚北歐設計品味的產品，充分展現令人驚歎的性能與技術。

主要產品／音頻視頻的設備、音響、電話、遙控器、汽車音響
代表設計師／雅各布‧延森（Jacob Jensen）、大衛‧路易斯（David Lewis）
www.bang-olufsen.com

Louis Poulsen

為丹麥、北歐的代表性燈具公司，有感於北歐冬天日照時間太短，所以將光線看得特別珍貴，是最早把科學控制方式應用在居家燈具上的品牌。擁有一百四十年傳統的Louis Poulsen所設計的燈具，特點就是不管從哪個角度都不會看到光源，提供視覺上的舒適感，尤其是1958年推出保羅‧漢寧森（Poul Henningsen）的洋薊造型燈具Artichoke，使用反射方法將光的效率發揮到極致。路易斯‧波爾森（Louis Poulsen）的設計簡約且款式眾多，可以跟任何家具搭配。

主要產品／燈具
代表設計師／保羅‧漢寧森（Poul Henningsen）、阿納‧雅各布森（Arne

Jacobsen）、維納爾‧潘頓（Verner Panton）、露意斯‧坎貝爾（Louise Campbell）

www.louispoulsen.com

Bodum

Bodum於1944年成立於哥本哈根，設立的出發點是希望品味與設計不再專美於富裕階層，而是以普羅大眾為對象。彼得‧波頓（Peter Bodum）從很早開始就累積工業設計的基礎，1958年與建築家卡斯‧克來森（Klaas Klaesson）一起設計出真空咖啡機Santos，後來他的兒子約根‧波頓（Jørgen Bodum）克紹箕裘，在1974年時製造出Bodum的第一支法式濾壓壺（French Press）「Bistro」，Bodum的法式濾壓壺在人們心中一直是不朽的偉大設計，截至目前為止已經賣出至少一億個以上。

主要產品／咖啡機、餐具等廚房用品
代表設計師／卡斯‧克來森（Klaas Klaesson）、卡斯藤‧約根森（Carsten Jorgensen）、彼得‧波頓（Peter Bodum）

www.bodum.com

PP Møbler

PP Møbler是一家專門生產高品質設計家具的家族企業，自從1953年成立工作室以來，公司的宗旨與信念就一直延續到今日。PP Møbler生產的優質家具秉承了精雕細琢的工匠精神，在設計史上佔有一席之地，所有的生產製程都在一間工作室裡進行操控，由此可看出PP Møbler對品質的要求程度。生產的大部分家具都是出自丹麥設計大師漢斯‧韋格納（Hans J. Wegner）之手，以花曲柳為材質做成的「圓環椅（Circle Chair）」便是其代表作之一。

主要產品／椅子等家具
代表設計師／漢斯‧韋格納（Hans J. Wegner）、索仁‧優利‧彼德森（Søren Ulrik Petersen）、維納爾‧潘頓（Verner Panton）

www.pp.dk

從自然中找休息處所
挪威

Fjord

成立於1941年的品牌，靈感來自挪威的大自然地形與峽谷，主要生產舒適的躺椅。

主要產品／躺椅
代表設計師／亞萊・席林史塔（Jarle Slyngstad）、歐拉夫・艾爾道伊（Olav Eldøy）、卡休烏・梅爾摩（Cajus Mæhlum）
www.hjellegjerde.no

Cathrineholm

雖然這個品牌已經消失，但仍有許多忠實的粉絲，即使從1970年關門大吉至今已經四十餘年，還是有大票的跟隨者。Cathrineholm從1907年開始推廣產品，繼而進行大量生產，後來又多了琺瑯廚房用具，在eBay和拍賣網上還買得到。

主要產品／鍋具、琺瑯廚房用具
www.kissmyhaus.com

Figgjo

Figgjo是一家專門生產瓷器的公司，1941年由事業家哈拉德・利馬（Harald Lima）與西格勒德・匹格貝德（Sigurd Figved）所創立，世界大戰過後因為日常所需的餐具遽增，事業也就越做越大。Figgjo在製作產品上使用當地的泥土，並且自行發電，到了1946年更利用隧道形的土窯燒烤瓷器，並且雇用設計師拉格納・格里姆斯魯德（Ragnar Grimsrud）為經理，為自有品牌進行一系列設計。當時以大自然為題材所做的傳統花紋設計仍沿用到現在，到了1997年推出Europa系列時，精緻又實用的餐具成為Figgjo的代表性商品，在北歐地區的大型飯店都一致使用Figgjo的餐具。

主要產品／餐具
代表設計師／拉格納・格理姆斯魯德（Ragnar Grimsrud）、康士坦斯・卡德・克里斯提安森（Constance Gaard Kristiansen）、奧拉夫・喬亞（Olav Joa）
www.figgjo.no

Rybo

為大師奧德默德·里根（Oddmund
P. Rykken）與其兒子共同創立的
公司，里根從1918年開始從事木製
品事業，生產獨具匠心的桌子、椅
子、櫥櫃等家具。

主要產品／躺椅
代表設計師／英格瑪·瑞林（Ingmar
Relling）、奧德維·雷根（Oddvin
Rykken）、彼得·奧布斯維克（Peter
Opsvik）
www.rybo.no

Hag

Hag是專門生產事務椅的公司，致力
於找出設計、人體工學與使用環境
三者間的平衡點。自1943年開始製
造事務椅，產品深獲歐洲各國官員
與CEO的喜愛。Hag完整呈現出北歐
風格在功能上的設計，公共場所、
一般家庭裡都可以看到其蹤跡。生
產的各種事務椅曾獲得數次知名設
計大獎，例如紅點設計大獎等等，
最新的得獎作品是擁有摩登外型與

多種顏色的Capisco Plus Chair，依照人體骨骼設計的馬鞍式座椅，令人印象深刻。

主要產品／事務椅
代表設計師／彼得・奧布斯維克（Peter Opsvik）、索仁・伊朗（Soren Yran）
www.hag.no

Stokke

北歐設計的出發點可說是來自於機能，從婦嬰用品品牌Stokke的產品就能看出。Stokke的幼兒家具與嬰兒推車的設計考量不是從大人的觀點，而是顧慮到小朋友的成長與視線高度，嬰兒推車、可調式幼兒餐桌椅Tripp Trapp充分證明這樣的設計概念。Tripp Trapp在1972年開發出來，直到現在都還是超人氣商品。事實上，Stokke於1932年成立時是做家具的，1960年代開始走在產業尖端，著重設計符合人體工學與講究功能的家具，真正轉型成販賣幼兒家具與用品為主的產品是在2006年。憑藉著在業界打滾多年累積出的實力與技術，才能推出那麼多好用的產品給大眾。

主要產品／幼兒家具、嬰兒推車
代表設計師／彼得・奧布斯維克（Peter Opsvik）
www.stokke.com

把大自然的生命力融入設計裡
芬蘭

Marimekko

Marimekko的創始者艾米·瑞夏
（Armi Ratia）曾經說過這麼一句
話：「如果你沒有個性，怎麼能算
是一個人？」這正是介紹芬蘭的設
計品牌Marimekko最貼切的形容詞
了。該品牌創立於1951年，獨特的
花紋與色彩賦予了Marimekko強
烈、特別的個性，這些獨特的設計
元素是在時尚秀裡首度介紹給大眾
的。1960年因為有賈桂林·甘迺迪
的加持，使得Marimekko這個品牌
更加大紅大紫。Marimekko擁有許
多標緻性的花紋，1964年瑪伊亞·
伊索拉（Maija Isola）設計的罌粟
花圖案，更是不敗的熱銷圖案。

主要產品／織品、服飾、廚房用品
代表設計師／瑪伊亞·伊索拉（Maija
Isola）、克莉絲緹娜·伊索拉（Kristina
Isola）、沃克·艾庫琳·諾米納米
（Vuokko Eskolin Nurmesniemi）、山
米·若茨拉寧（Sami Ruotsalainen）
www.marimekko.com

Aarikka

Aarikka是芬蘭著名的手工藝品牌，
舉凡小裝飾品、耳環、項鍊等飾
品，到燭台、燈具等等，一律使用
當地材料手工製作而成。Aarikka
是1954年由凱亞·阿里卡（Kaija
Aarikka）與其丈夫共同創立的，在
當地是眾所皆知由二代經營的家族
企業。曾當過織品設計師的凱亞·
阿里卡某次做衣服時，因為找不到
合適的鈕釦，只好自己動手作木鈕
釦，促成了她創立木製手工藝品品
牌的動機。Aarikka的設計理念為保
留北歐特有的簡約風格，添加鮮豔

的色彩與白樺樹特有的自然感。

主要產品／飾品、裝飾品等
代表設計師／凱亞‧阿里卡（Kaija
Aarikka）、寶麗娜‧阿里卡（Pauliina
Aarikka）
www.aarikka.com

Samirinne

Samirinne是設計師品牌，1971年
由出身芬蘭的陶藝家沙米‧林內
（Sami Rinne）創立。他的創作
都是從日常生活中觀察、感受到
的，特別以從白樺樹、馴鹿角身上
得到靈感所創作的作品為人見知，
Samirinne的陶瓷器皿100%全是手
工製作。

主要產品／陶瓷器
代表設計師／沙米‧林內（Sami Rinne）
www.samirinne.fi

Artek

Artek的起始來自芬蘭設計大師，同
時也是著名的建築家阿爾瓦爾‧阿
爾托（Alvar Aalto）。1935年的時
候，他跟同是建築家的太太阿諾‧
阿爾托（Aino Aalto）以及瑪依萊‧
谷立希森（Maire Gullichsen）合創
了Artek。阿爾瓦爾透過Artek把現
代美學的觸角延伸到家具、照明與

織品的領域，其中最為大眾所熟知
的作品正是Stool 60，渾圓的椅座搭
配了倒L型的椅腳，是Artek推出的
椅子中賣得最好的一款。

主要產品／椅子、桌子等家具與照明
代表設計師／阿爾瓦爾‧阿爾托（Alvar
Aalto）、坂茂（Shigeru Ban）、深澤直
人、恩佐‧瑪麗（Enzo Mari）、韋勒‧
柯可恩奈（Ville Kokkonen）
www.artek.fi

Show Room Finland

Show Room Finland主要以年輕
新銳設計師為主軸，專門設計木製
產品，像是看起來像紙一樣皺巴巴
的木碗、樹葉造型的盤子等等，都
是非常有名的創新產品。佩特利‧
瓦尼奧（Petri Vainio）設計的
Tuisku Bowl曾獲得Design Plus
Award獎。

主要產品／照明、餐具
代表設計師／佩特利‧瓦尼奧（Petri
Vainio）、塔皮奧‧安蒂拉（Tapio
Anttila）、圖加‧哈洛楞（Tuukka
Halonen）
www.showroomfinland.fi

Iittala

Iittala於1881年起源於一座名為
Iittala小鎮的手工業工作坊，現在的
Iittala依然保留了傳統，推出許多簡
約純粹、饒富機能性的設計產品，
主要以生產餐具為主。

主要產品／餐具
代表設計師／阿爾瓦爾‧阿爾托（Alvar
Aalto）、安東尼奧‧奇特里奧（Antonio
Citterio）
www.iittala.com

Arabia Finland

餐具品牌Arabia Finland創立於
1873年，是瑞典瓷器工廠羅斯蘭
（Rörstrand）位於芬蘭的子公司。
從1930年開始，可從產品的細節與
古典花紋中，感受到摩登現代感，
由此可看出藝術總監克特‧艾克赫
姆（Kurt Ekholm）做了更新穎的
設計。從1950年到1976年這段期
間，以首席設計師身分活躍的凱‧
法蘭克（Kaj Frank）則讓Arabia
Finland的設計往上更進一層樓。

主要產品／餐具
代表設計師／克特‧艾克赫姆（Kurt
Ekholm）、凱‧法蘭克（Kaj Frank）、
拜卡‧哈勒尼（Pekka Harni）、斯蒂
芬‧林德弗斯（Stefan Lindfors）
www.arabia.fi

Pentik

Pentik是1971年阿奴‧潘提克

（Anu Pentik）在芬蘭北部北極
圈創立的居家生活品牌，早期是製
作陶瓷器、皮革產品的家庭手工型
態，直到1976年在赫爾辛基有了店
面，名聲才漸漸傳開。1980年開
始擴充產線，然後一直發展到現在
的規模。Pentik工廠位於世界最北
端，主要生產的產品有陶瓷器、廚
房用品、家飾品等等。像是手繪風
格產品、融入雪國風景的設計、古
典格子紋路，都是Pentik所要呈現的
主題。

主要產品／包含餐具在內的家飾用品
代表設計師／阿奴‧潘提克（Anu
Pentik）、拉賽‧僑班奈（Lasse
Kovanen）
www.pentik.com

當品味遇上匠心
瑞典

Bookbinders Design

創立於2001年的手作文具品牌，匠心獨具、色彩豔麗、設計卓越，正是這個品牌的特色，Bookbinders Design的前身是Ahnbergs Bookbindery，源於1965年，「獨具匠心」正是使這個品牌屹立不搖的主因。創始者馬丁·翁伯（Martin Ahnbergs）對手作懷有高度熱情，技藝超群，並且著重環保，才能創造出值得信賴的產品，Bookbinders Design絕大部分的產品堅持在斯德哥爾摩當地製造，瑞典一流設計師筆下的插圖給人一種平靜、淡定的感覺，色彩更是另一項招牌特色，五顏六色搭配廣泛的材質選用，充分凸顯出每一種商品的特色。從「量身訂做」這一項服務，更可以看出匠心的精髓，他們提供在文具刻上顧客名字的服務。

主要產品／相本、筆記本、日記等文具
代表設計師／科妮莉亞·瓦爾德斯藤（Cornelia Waldersten）、蘿塔·葛拉貝（Lotta Glave）、英格拉·阿倫妮烏斯（Ingela P Arrhenius）
www.bookbindersdesign.co.kr

Rörstrand

自1726年以來，一直是瑞典皇室的瓷器供應商，另一方面也深受瑞典家庭的喜愛，不管是在特殊節日還是日常生活當中，都可以看到這些有品味的瓷器。婚禮系列、瑞典系列以及瑞典藝術家卡爾·拉森（Carl Larsson）從邸宅得到靈感而創作的Sunborn系列等，都非常有名。

主要產品／瓷器餐具
代表設計師／皮雅·瑞恩達爾（Pia Rönndahl）、露易斯·阿德博格（Louise Adelborg）、瑪麗安·韋斯特曼（Marianne Westman）
www.rorstrand.com

H&M Home

H&M這個牌子向來以時尚品牌見知，創立於1948年，最早是從一家名為「亨尼斯（Hennes）」的女裝公司起家，經營到2011年已經擴展為國際連鎖大企業，在四十個國家中有2,300多個賣場。2009年，H&M決定從時裝跨足到生活居家，開始對外推廣H&M Home，跟時裝一樣，生活居家也會一年四次，把當季流行反映在商品上，所以商品可謂五花八門。在H&M Home可以買到家具以外的所有居家生活用品，舉凡寢具類、抱枕、衛浴用品、裝飾品等等，商品走復古感性與輕鬆活潑的風格，深受年輕族群喜愛。

主要產品／家飾、寢具、裝飾品等
代表設計師／凡賽斯（Versace）
www.hm.com/gb/department/HOME

Electrolux

Electrolux跟吸塵器的歷史有密不可分的關係，這句話其來有自。自1919年創立以來，創辦人阿克賽爾‧溫納‧格倫（Axel Wenner-Gren）推出世界第一台吸塵器「Lux1」到現在，Electrolux已然是全球屬一屬二的家電品牌。總部設在瑞典，在這九十年之間推出包含吸塵器在內的各式家電用品，創新技術引領潮流。Electrolux擁有很多「世界第一台」的頭銜，像是第一台掃地機器人、第一台割草機等等，近來更投入環保產品，為社會、倫理扛起一份責任。Electrolux產品的設計風格充滿北歐特有的流暢線條，以及摩登時尚的色彩。

主要產品／吸塵器、廚房小型家電、加濕機等等
代表設計師／皮雅‧沃倫（Pia Wallen）、雷蒙德‧洛威（Raymond Loewy）、希克斯騰‧薩松（Sixten Sason）
www.electrolux.com.tw

IKEA

創立於1943年的跨國家具連鎖企業，IKEA取自創辦人英格瓦‧坎普拉德（Ingvar Kamprad）名字的第一個字母而來，創業初期從販賣原

子筆、錢包、相框等小物品起家，
從1947年才開始販售家具類產品，
1956年開始製造組裝式家具，現在
每年都有四億人在IKEA購物。

主要產品／組裝式家具、生活用品、裝潢
用品
代表設計師／IKEA集團
www.ikea.com

Swedese

1945年時由溫格斐・艾斯特隆
（Yngve Ekström）創立的家具品
牌，風格適合公共場所與家庭，在
創辦人的信念下，發展成今日的規
模。Swedese的產品「建立在優雅
又現代的北歐式基礎上，企圖呈現
一種超越時間空間美感的設計」。
溫格裴一直到去世之前，都還擔任
Swedese董事長的職位，他也會親
自參與設計，希望可以繼續傳承阿
爾瓦爾・阿爾托與阿納・雅各布森
的傳統，1965年他所設計的Lamino
扶手椅到現在仍有販售。Swdese
設計的脈向主要以大自然的感性與
剪影為主，看起來像花瓣的桌子、
樹枝造型的衣架，就是最好的例
子，他們的設計理念是「優雅與進
步」，致力於將大自然的美景搬移
到生活中。

主要產品／椅子、桌子等家具
代表設計師／CKR（Claesson Koivisto
Rune）、萊姆工作室（Lime Studio）、

深澤直人、溫格斐・艾斯特隆（Yngve
Ekström）
www.swedese.se

31款最具北歐風格的設計品

Icons

接下來，介紹北歐風格的幾款經典設計，
這些經典家具經常在裝潢設計雜誌上登場亮相。

Stool E60, 1933

阿爾瓦爾‧阿爾托（Alvar Aalto）
芬蘭設計師阿爾瓦爾的代表作。把白樺木
彎成L型的技術，後來成功申請專利。

Y Chair, 1949

漢斯‧威格納（Hans J. Wegner）
漢斯‧威格納最有名的椅子，因為椅背呈
Y字型，所以稱為Y Chair。椅墊是用紙纖
編織而成。

Ant, 1952

阿納‧雅各布森（Arne Jacobsen）
素有「螞蟻椅」暱稱的作品。剛發表時只
有三根椅腳，後來為了提高安全性，遂改
成了四根。

Series 7, 1955

阿納‧雅各布森（Arne Jacobsen）
螞蟻椅問世三年後又一力作。特色是顏色
眾多，擁有原木般的線條。

PK22, 1956

保羅・奇耶爾赫姆（Poul Kjaerholm）

保羅・奇耶爾赫姆為了要超越德國建築家
路德維希・密斯・凡德羅（Mies Van Der
Rohe）的巴塞隆納椅，而設計出的椅子。

PP701, 1965

漢斯・威格納（Hans J. Wegner）

漢斯・威格納為自己家裡設計的椅子，相
較於其他椅子，比較獨特的地方是鐵製的
椅腳。

PP68, 1987

漢斯・威格納（Hans J. Wegner）

與Y Chair一樣，由木頭框架搭配紙纖編
成的椅座，演繹出柔軟的舒適感。

*Arm
Chair*

Armchair 41 Paimo, 1932

阿爾瓦爾・阿爾托（Alvar Aalto）

芬蘭設計師阿爾瓦爾專為芬蘭圖爾庫的帕
伊米奧結核病療養院所設計的椅子。

Peacock Chair, 1947

漢斯・威格納（Hans J. Wegner）

宛如孔雀開屏之態，所以被稱為「孔雀
椅」。為重新詮釋英國溫莎椅之設計。

Teddy Bear Chair, 1951

漢斯・威格納（Hans J. Wegner）

看起來就像小熊展開雙臂一樣，非常可愛，最近丹麥家具商PP Møbler又重新生產。

Egg, 1958

阿納・雅各布森（Arne Jacobsen）

整體看起來就像一顆蛋，所以被稱為Egg。坐上去有一種被包覆住的感覺，椅背擋住視野，給人十足的安全感。

Swan, 1958

阿納・雅各布森（Arne Jacobsen）

就像優雅的天鵝展開翅膀一樣，為了哥本哈根SAS皇家飯店的大廳與宴會場所設計。

The Spanish Chair, 1959

摩根森（Borge Mogensen）

這是摩根森到西班牙旅遊時所得到的靈感而創造出的椅子，扶手設計成可以放置咖啡杯。

Wing Chair, 1960

漢斯・威格納（Hans J. Wegner）

特色就是往左右兩旁延伸的寬椅背，看起來就像翅膀，巧妙的支撐住頭部，坐起來非常舒適。

Highback Chair, 1976

布魯諾・梅特森（Bruno Mathsson）

瑞典知名建築家、設計師，依照人體工學所設計的椅子，非常舒適。

The Circle Chair, 1986
漢斯・威格納（Hans J. Wegner）
原木框架搭配花曲柳為材質的圓環椅。

Sofa 544, 1932
阿爾瓦爾・阿爾托（Alvar Aalto）
線條柔和的布料沙發。小巧輕盈，跟任何空間都能搭配。

Sofa

Series 3300, 1956
阿納・雅各布森（Arne Jacobsen）
條紋布料沙發，椅腳採用細鋼管做成，看起來非常輕盈。

Swan Sofa, 1958
阿納・雅各布森（Arne Jacobsen）
專為哥本哈根SAS皇家飯店設計的沙發，線條柔和，散發濃濃的女性氣息與優雅氣質。

CH102, 1970
漢斯・威格納（Hans J. Wegner）
複製2008丹麥卡爾・漢森＆尚（Carl Hansen&Son）的沙發，鐵製框架搭配皮革，演繹出洗鍊、摩登的感覺。

Lighting

Flower Pot & Flower Pot Table

維納爾‧潘頓（Verner Panton）於1968年設計的鋁製吊燈，為丹麥&Tradition產品。

Secto 4201

設計師賽波‧哥和（Seppo Koho）以白樺樹的木頭做成的吊燈，為芬蘭Secto Design產品。

Norm69

西蒙‧卡科夫（Simon Karkov）1969年設計的未來款，為Norman Copenhagem的產品。

Table

Side Table 915, 1932

阿爾瓦爾‧阿爾托（Alvar Aalto）以白樺樹木做成的白色邊几（side table），為兩層式設計，看起來簡單又大方。

Tea Trolley 900, 1937

阿爾瓦爾‧阿爾托（Alvar Aalto）非常方便的茶具車，輪子的設計讓移動更方便。

PK61, 1956

保羅‧奇耶爾赫姆（Poul Kjaerholm）小型咖啡桌，是以鋼架搭配玻璃桌面的設計。

CH 327, 1962

漢斯‧威格納（Hans J. Wegner）桌面與桌腳的線條非常優雅，最特別之處就是桌面與桌腳連接處的留白，為卡爾‧漢森&尚（Carl Hansen&Son）的產品。

Table Series, 1968

阿納·雅各布森（Arne Jacobsen），布魯諾·梅特森（Bruno Mathsson），皮亞特·海恩（Piet Hein）

丹麥與瑞典三位設計師聯手打造的桌子，簡約的桌面搭配優雅桌腳是最大的特色，Fritz Hansen的產品。

Etc

Warm Set

白色的陶瓷與搭配溫暖的橡木、核桃、軟木塞材質做成的茶壺、茶杯組，為Tonfisk產品。

Duck&Ducking

設計師漢斯·博林（Hans Bolling）設計的木雕鴨子擺飾品，為丹麥Architect Made產品。

Bird

克里斯提安·維德爾（Kristian Vedel）設計的橡木裝飾品，為Architect Made產品。

法式風格

以正統、品味、優雅的風格受到矚目的法式生活，

在色彩上，以女性化代替強烈；

在線條上，以洗鍊優雅代替沉重與粗線條感，

這就是世人心目中的法式風格。

我們網羅了知名的法國設計師，以及完美呈現法式風格的知名品牌。

在充滿浪漫與感性的聖地，發現法式居家與生活風格。

French
Style

3位創造空間的法國室內設計師

Style in Space

菲利普・斯塔克（Philippe Patrick Starck）讓世人見識到何謂法式裝潢風格、
莎拉・拉布安（Sarah Lavoine）精彩演繹出凸顯色彩的空間，
以及極力保留French Chic的感性與悠哉的法蘭斯華（François Champsaur）。

風格華麗、極具藝術感的空間大師

菲利普・斯塔克（Philippe Patrick Starck）

知名家具品牌Kartell、Alessi、Vitra都有菲利普・斯塔克的大作，不過
想一次透視他的風格，最好的辦法就是欣賞他的空間設計。Mondrian、
Saint Martin's Lane、Sanderson、比佛利山莊SBE飯店集團旗下的SLS飯
店、Yoo飯店等等，都有他設計過的痕跡，給人感覺華麗而且印象深
刻。一位平易近人的設計師，都會希望自己的設計能有倫理性、符合生
態學，有一點政治意味以及幽默感，詩情畫意、觀念性、根源性則是設
計哲學的要件。設計改變了人類的生活方式，擁有一種想要讓世界更進
步的意志。

他的第一件空間作品是在巴黎工業設計暨環境建築學院（Ecole Nissim de
Camondo）就學期間所做的空間設計，Salon de l'Enfance為他帶來首度的
成功。皮爾・卡登（Pierre Cardin）聘請他來自家的出版社當藝術指導，
1983年，法國總理弗朗索瓦・密特朗更指定菲利普・斯塔克為自己的私
人公寓進行設計，這件事情就是讓他聲名大噪的契機。

01 素有鬼才、天才之稱的菲利普‧斯塔克（Philippe Patrick Starck）。
02 比佛利山莊SBE飯店內的S Bar，天花板上照明充分凸顯菲利普‧斯塔克的創意。
03 莫斯科Barkli Park新開張的Yoo內的房間一景。
04 好萊塢East West Studio的VIP套房，有陽台、小酒吧、游泳池等等，不僅豪華氣派，更可看出菲利普的細膩，即使是對小空間的設計，也要有舒適、安樂的感覺。

02

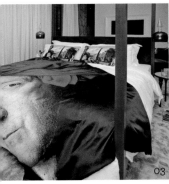

03

04

花費數百萬美元投資整修的East West Studios、歷經十個月才修整完成的巴黎Le Meurice飯店薩爾瓦多‧達利主題、中國北京Lan餐廳、比佛利山莊SBE飯店內的S Bar、西班牙馬德里Ramses等，都是在菲利普‧斯塔克的巧手設計下誕生的空間，當然透過Yoo飯店展現的悠閒與優雅的設計也是一樣。透過以上菲利普‧斯塔克所設計的空間，絕對可以感受他特有的華麗、藝術與大膽風格。

網址／www.starck.com

01

把色彩、光線通通吸進來的空間治療師

莎拉‧拉布安（Sarah Lavoine）

莎拉‧拉布安的特色就是色彩與織品，尤其是她恣意運用光線的能力。在過去十年間，莎拉‧拉布安致力於開拓自己獨特的裝潢之路，她所設計的空間有時走溫馨路線，有時顯得活力充沛，她也會發揮科學家的實驗精神，研究適合飯店與住家的照明。莎拉‧拉布安目前仍是活躍於業界的設計師，承接的案件範圍非常廣闊，囊括公共機關到私人空間的整修裝潢。她扎實的基礎來自於曾在母親莎賓‧瑪雪兒的裝潢設計代理公司所受過的嚴苛訓練，過程中更激發出她對當代美學的靈敏度。現在的她已經跳脫學院嚴格的規定，讓自己的才華與優雅風格達到平衡。

莎拉‧拉布安的招牌風格為自由、優雅的波斯樣式，以這樣的基礎又另創出法國式（à la Française）的風格。當她在設計空間時，會把自然光線的用處最大化，並且使用自己的顏色哲學。例如在像木炭一樣黑的黑色氣氛底下，她會使用粉紅色與藍色來做點綴；利用土耳其藍勾勒出輪廓的方式，讓所有的顏色和諧共處，或是加上大理石花紋技巧（marbling）與獨特質感的木頭等有節奏的材質，賦予空間活力感，當所有條件細節都達到調和時，就能營造出高級、雅靜的空間。

01 一向以用色大膽著稱的室內設計師——莎拉‧拉布安（Sarah Lavoine）。

02 黑色、白色的背景以黃色、土耳其藍勾勒點綴，演繹出強烈的色彩印象。圖為Duplex Paris的客廳。

03 Masion de Campagne柔和又嫻靜的空間。把自然光引導到空間裡是莎拉‧拉布安的裝潢特色。

04 Duplex Paris一角，利用深海軍色、黑色、白色演出摩登現代的氣氛。

03

02

04

諸如Orient-Extrême餐廳、隸屬紐約現代美術館MoMA的運動俱樂部、Jardin de Neuilly等都是典型的例子。能夠欣賞到她設計風格的地方，還有位於9 Rue Saint Roch的時裝精品店。

網址／www.sarahlavoine.com

玩弄線條與節奏感的當代藝術家
法蘭斯華（François Champsaur）

出身馬賽的室內設計師，他在1980年代後期遷移到巴黎，1996年成立了自己的裝潢公司。不難發現自幼在地中海生長的成長背景確實替他的作品帶來許多影響，他的設計風格就是為因應細節和空間做靈活的變化，認為光線在一個空間裡佔了很重要的地位，只要再添加一些優雅的當代家具、織品來輔佐，就能提高設計的完成度。他所追求的簡單線條、節奏、和諧以及家具搭配的講究，讓許多國際性的裝潢公司像First Time、Treca Interiors、Pauenat Ferronier無不拜倒在他的才能之下。跟總部設在北京的HC28合作，是把他的作品推向亞洲的重要契機，為了該次合作，他從中國傳統家具上尋找靈感，把圓角、幾何學圖案、傳統編織技巧移花接木到他的設計作品裡，再加上自己獨到的藝術感，最後完成了詩情畫意又感性十足的作品。

為了Pouenat Edition，他改用金屬材質來表現幾何學，還應用了五花八門的線條、反摺技巧、塗漆技巧等方法來表現，讓作品的效果看起來洗鍊又精緻。2009年開館的Metroplitan Hotel，亦使用了他的設計，那正是可以窺視他所追求的洗鍊美與安樂感的最佳典範，被譽為利用家具的巧妙擺設，成就了最不凡的空間。他在2011年接了很多案件，像是位於巴黎第八區的小型飯店、法國西北部的拍賣屋改造等，不管是個人住宅還是公共建設，都有他的作品。

網址／www.champsaur.com

01 善用色彩、紋理創造空間韻律感的室內設計師——法蘭斯華（François Champsaur）。

02 分割空間，把客廳打造成有流動感的型態。室內與室外的界線全憑使用者的喜好決定。

03 可以利用華麗的地毯來點綴空間，圖為Hotel du Ministère全景。

04 有查爾斯&雷·伊姆斯的搖椅（Rocking Chair）與波紋椅（Wiggle Chair）。只要再多加軟墊椅子（Ottoman）與大圓鏡，就能讓閣樓顯得更有品味，空間產生加大效果。

法國的設計師們 1901～1984

Designers

法國的設計史與世紀設計師們是共同成長進步的，
有以熱情、感性主導法國設計的中堅設計師，
也有創新法式風格的新銳設計師。

1 **Jean Prouvé** 1901~1984

讓‧普魯韋

出身法國南錫的設計師，以獨特的設計風格，留下了世紀名作。他的設計專長全是靠自學習得，是自學（Self-Taught）的成功典範之一，因為掌握大量生產的技術，提供社會大眾一個人人都能接觸藝術的機會，他所設計的Compas Table、Bar Chair、Standard Chair等等，到現在依然受到歡迎。

網址／www.jeanprouve.com

2 **Jean Nouvel** 1945~

讓‧努維爾

巴塞隆納著名地標阿格拔塔（Agbar Tower）的設計者，目前仍活躍於業界的建築家與設計師。他追求的是沒有任何特徵的設計，希望能創造出搭配風景的設計作品，而不是一味忠實自己的風格。推出的家具走的是極簡主義，且具有建築型態，擺在空間裡能發揮融合的效果。

網址／www.jeannouvel.com

Philippe Patrick Starck 1949~

菲利普・斯塔克

最獨步的法國設計師，自1968
年成立設計公司以來，在四十
年中接觸各種領域的設計，像
是家具、商品、裝潢、建築
物等，擁有輝煌的成果與實績。他那令人稱奇的
Ghost Chair、Bubble Club Sofa等作品，由蒙德
里安飯店（Mondrian Hotel）為其發揚真價，在
歐亞全區都非常受歡迎。

網址／www.starck.com

José Lévy 1963~

何塞・利維

如果你正在尋找有藝術氣息的
法式家具，何塞・利維的作品
一定派得上用場。何塞從原先
的時裝界跨足到家具領域，作
品風格簡單、優雅而且線條優
美，讓人感受到法式設計的感性魅力，2010年他
與羅奇堡（Roche Bobois）開始合作設計家具，
在那之前已有過鏡子、瓷器、罐子的設計經驗。

網址／www.joselevy.fr

Matali Crasset 1965~

瑪塔莉・卡賽特

出色的女性設計師，出生於法國
的小村莊，懂得用最溫暖的視線
看這個世界。主修設計，畢業後
曾為義大利設計師丹尼斯・聖基
亞拉（Denis Santachiara）、
菲利普・斯塔克的工作室效命。鮮明的構思是她的
設計風格，自1998年自己的工作室開業以來，陸
續進行過生活用品、展覽空間的設計。

網址／www.matalicrasset.com

Jean-Marie Massaud 1966~

6

讓-馬利・馬索

以建築家、開發家、設計師活躍於
業界的中堅藝術家，畢業於法國國
立工業設計高等學院（ENSCI），
1990年開始與馬克・貝爾提耶
（Marc Berthier）工作，後來則
是跟丹尼爾・普澤（Daniel Pouzet）共同成立馬索
工作室，主要做家具、燈具與商品設計，特色是線條
簡單，結構堅固，善於活用曲線與直線，跟Poltrona
Frau、Dedon、MDF Italia、Poliform有合作關係。

網址／www.massaud.com

Normal Studio 1966, 1979~

7

平凡工作室

由讓・弗朗索瓦・登吉昂（Jean-
François Dingjian）、埃洛亞・沙拜
（Eloi Chafaï）攜手創立的設計團隊。
雖然名為平凡工作室，不過他們的最
新力作是藝術家伊曼紐爾・路易格朗
花園裡的養雞場，倒是跟平凡一點也扯不上關係。這支團
隊在家具、手錶、燈具、廚具的設置上也有傑出的表現。
與Ligne Roset、Tolix、Tefal一直都有合作關係，讓世人
見識到法式感性之外，也看到男性設計師特有的智慧。

網址／www.normalstudio.fr

Inga Sempé 1968~

8

英嘉・桑貝

為生活用品設計師，曾經設計過寢
具、沙發、桌子、椅子、燈具等作
品，特色就是富機能性、智慧性與
優良材質的選用。在世界知名品牌
Cappellini、Luceplan、Edra、David
Design就能遇見她饒富意義，在生活中持續發光發熱的
創意作品。

網址／www.ingasempe.fr

Ronan & Erwan Bouroullec 1971, 1976~

羅南 & 埃爾旺‧布魯利克

自1990年代後期開始嶄露頭角，便成為大眾所熟悉的法國設計團隊，過去十年間，這對兄弟檔設計師的作品一直受到非常熱烈的讚賞。特色就是配色與模組化，可以套用到任何空間裡，運用度很高。他們跟世界知名品牌Capellini、Kartell、Established & Sons、Issey Miyake、Vitra、Magis、Axor有合作關係，是當今知名的頂尖設計師。

網址／www.bouroullec.com

9

Jean-Marc Gady 1971~

讓-馬克

法國的明星設計師，跟LV、蘋果電腦、Baccarat、Moet & Chandon、香奈兒、迪奧等大廠牌都有合作關係，在各個設計領域發揮了爆發力，像是家具、照明、場景設計（Set Design）、裝潢等等。馬克不會堅持己見，以使用者的幸福為主要目標，用有深度的故事取代毫無意義的風格，以簡單代替艱澀難懂的設計。

網址／www.jeanmarcgady.com

10

Mathieu Lehanneur 1974~

馬修‧雷阿奴

馬修2001年從法國國立設計學校畢業後，便開設了自己的工業設計與裝潢工作室，主要設計有標誌性、令人印象深刻的商品，與卡地亞、克里斯多佛、軒尼詩、SONY、Poltrona Frau有合作關係。對人體與環境、居家系統與科技世界一直保持高度的好奇心。

網址／www.mathieulehanneur.fr

11

Philippe Nigro 1975~

12

菲利普・尼格羅

才華洋溢的設計師菲利普・尼格
羅，為我們帶來有律動感、非對
稱的設計。2009年以一款用硬
紙板做成的兒童椅Build Up，受
到設計界的矚目，專攻裝飾藝
術與家具設計的他，在商品設計、家具、燈具、裝
潢、展場活動、舞台藝術等各種領域都有傑出的表
現，曾經跟Foscarini、De Padova一起合作。

網址／www.philippenigro.com

Constance Guisset 1976~

13

康斯坦斯・圭賽特

非常浪漫的設計師，曾被菲利
普・斯塔克讚為「有夢想的
人」，宛如蝴蝶展翅一般的燈
具Vertigo正是出於她手。她
擅長應用線條與柔和的顏色搭
配，因為對舞台設置和面板很有興趣，在這方面
的設計口碑一直都不錯，也參與了土耳其Ankara
Star Collection的裝潢工作。

網址／www.constanceguisset.com

Sam Baron 1976~

14

山姆・巴倫

為著名法國設計師，其作品透過
Maison&Objet、米蘭家具博覽會、
紐約國際現代家具博覽會、Tokyo
Designers Block等國際性展覽登台
亮相，並受到各界矚目，曾為LV、
Bosa、CASAMANIA、Baccarat等知名品牌設計。2003
年與2004年曾受法國外交通商部的邀請，幫忙將法國的
設計宣揚至海外，目前忙於Fabrica總監的工作，來往法
國、葡萄牙、義大利等國家。

網址／www.sambaron.fr

5.5 Designers 1980~

5.5設計師

被譽為法國設計界新世代的設計團隊,是從2003年的工業設計起家。這四個出生於1980年後的年輕人,從愉快的奇想為出發點,帶來許多樂觀的設計,曾為Moet & Chandon、Baccarat、Nespresso、Racie、Oberflex、哈根達斯、龐畢度中心等國際知名品牌操刀,進行商品與空間設計。

網址╱www.55designers.com

15

Marie-Aurore Stiker Metral 1981~

瑪麗-奧蘿爾・斯緹凱・梅特拉爾

來自巴黎的設計師,就學期間完成的La Pliee Chair獲得了Ligne Roset的青睞,後來在爾旺・布魯利克(Erwan Bouroullec)的幫助下進行畢業專題,學到了蕾絲、織布、裁縫的技巧,她將這些技巧運用在收納家具、椅子、燈具上,她的作品在2010年曾獲得Audi Talent Awards。

網址╱www.mastikermetral.com

16

Michel Charlot 1984~

米歇爾・夏洛

出生瑞士,畢業於法國ECAL(洛桑藝術大學)的設計師,2007年首度在盧森堡MUDAM博物館舉行展覽,2010年被菲利普・斯塔克指定為2020年的設計師。曾經是賈斯珀・莫里森的自由設計師,其代表作是混合各種纖維與水泥做成的燈具(Mold Lamp)。

網址╱www.michelcharlot.com

17

25個詮釋法式生活與居家風格的品牌

Live with Style

以傳統和革新的法式居家品牌匯集，
介紹從古典&摩登風格的當代設計品牌，
到織品、餐具、廚具、時尚精品等。

French Modern

品味的象徵
Maison Hermes

Maison & Hermes的家居系列，
與世界知名設計師攜手合作，追求
創新卓越，設計出一系列的當代
家具。推出Enzo Mari、Antonio
Citterio、Denis Montel、Eric
Benqué等資深、新銳設計師的作
品，讓大家見識到愛馬仕一直以來
追求的新價值，以及工匠精神的執
念、實用性與舒適感。

主要產品／家具、織品
代表設計師／Enzo Mari、
Antonio Citterio
www.hermes.com

需要一種特別的感覺時
Roche Bobois

兼具美麗與實用性，同時滿足古典
精神與現代要求。Roche Bobois
的特色就是讓傳統與獨創性相輔相
成，將重要的元素自然融入高級
素材之中，把設計焦點放在實用
性上，傳遞出一種特別的感動。
Roche Bobois的設計可以表現出個
人風格，展示場主要陳列帶有一點
溫柔洗鍊感的當代系列家具。

主要產品／家具
代表設計師／Sacha Lakic、Philip
Buyi、Cédric Ragot
www.roche-bobois.com

法式摩登典範
Ligne Roset

Ligne Roset1860年在法國蒙太涅（Montaigne）以家族企業起家，後發展成國際居家用品品牌，1936年正式投入生產，Ligne Roset設計的產品深深擄獲女性的心，見識過的人無不想要佔為己有，1973年米歇爾·杜卡洛（Michel Ducaroy）設計的Togo沙發，到現在依然深受歡迎。在紐約、米蘭、巴黎、韓國等世界各地共有1,000個以上的經銷商、200個以上的賣場。

主要產品／家具、燈具、飾品、織品
代表設計師／Inga Sempé、Tord Boontje、Philippe Nigro、Normal Studio
www.ligne-roset.com

永恆與現代
Hugues Chevalier

才華洋溢的設計師，加上經驗老道的裝潢業者以及優秀的櫥櫃製造商，各界專家攜手完成的系列家具，充分表現出Hugues Chevalier的專業，堅持使用最頂級的皮革、木頭與織品。自從1978年首度推出第一個家具系列後，就致力於從過去與未來取得靈感，用優雅、有存在感的家具，來呈現高品味的生活方式。

主要產品／椅子、沙發、桌子、書桌、寢具等
代表設計師／Hugues Chevalier、Amine Fallat、Bruno Lucas
www.hugueschevalier.com

Traditional Living

為正統性穿上色彩
Moissonnier

創立於1885年，是正統法式家具品牌之一，主要經營繪畫藝術（Painting Art）以及生產造型美麗、獨特的設計品項。Moissonnier是家族企業，1960年外銷到紐約的實績，成為日後在世界舞台發展的契機，擁有製造傳統法式櫥櫃的技術，搭配具有現代感的顏色與紋理。

主要產品／抽屜櫃、梳妝台、桌子、鏡子、書桌、書櫃、寢具等
代表設計師／Moissonnier設計團隊
www.moissonnier.com

法式鄉居風格
French Heritage

French Heritage是Jacques Wayser 創立的家族企業，始於整個家族對 古董的熱愛。在他年幼時期，經常 跑遍大大小小的市場，蒐集各式各 樣的古董，奠定了他成立這間公司 的基礎。1981年開始推銷自家商 品，二十一年的歷史顯然不算太 長，不過已經做出了聲譽，以生產 復古風格的法式家具著稱，柔和的 色彩加上看起來非常舒服的款式， 是鄉村居家風格的最佳代言人。

主要產品／家具、地毯、飾品等
代表設計師／French Heritage設計團隊
www.frenchheritage.com

法式工藝結晶
Henryot & Cie

Henryot & Cie是Clément Henryot 於1867年創立的正統法式家具品 牌，有路易十三世到路易十六世、 拿破崙時代的家具，也有新藝術運 動、裝飾風藝術的當代家具，從古 至今皆有。該品牌的製作講究匠心 與扎實的技術，也為頂級大師菲利 普·斯塔克、Andrée Putman進行 生產。

主要產品／搖椅、扶手椅、沙發、床、戶 外家具
代表設計師／Henryot & Cie設計團隊
henryot-cie.fr

傳說中的櫥櫃王
Craman Lagarde

Craman Lagarde為法國著名的櫥櫃 製造商，由1947年Henri Craman與 Jean Lagarde所創立，品牌的名稱 取自他們的名字，一直以來堅持以 十八到十九世紀的傳統方式進行製 造。善於用手工方式將珍貴的木材

移花接木到家具上，更以講究細節的青銅雕像裝飾自豪，是法國眾家具品牌當中，以製程複雜程度著稱的公司。

主要產品／電視櫃、抽屜櫃、桌子、餐具櫃、書架
代表設計師／Craman Lagarde設計團隊
www.craman-lagarde.com

一針一線縫製而成的時裝家具
Allot

以傳統手工方式傳遞古典法式風格的Allot，完美複製出法國路易王朝的家具。所產的椅子、桌子、五斗櫃、氣派的衣櫥，看起來華麗又高雅，完美呈現出正統古典風格。

主要產品／椅子、書櫃、抽屜櫃、電視櫃、寢具、鏡子等
代表設計師／Allot設計團隊
french-furniture.freres-allot.com

古典法式風格
Montigny

Montigny是2007年法國家具設計師Emmanuel de Stoppani創立的，設計的主要理念是為濃濃古典氣息的家具，加上摩登色彩與布料，推出十種系列、超過五百種以上的產品，每一件商品皆能完美呈現Montigny的專屬特色。2012年時，更推出摩登法式古典系列Aircraft，深受英國歌手愛黛兒喜愛。

主要產品／家具
代表設計師／Emmanuel de Stoppani
www.montigny-furniture.com

浪漫法式風格的精髓
Grange

1904年Joseph Grange為了教會製作了小型櫥櫃與椅子，沒想到這兩項設計獲得好評，名聲逐漸傳開，後來便發展為家族企業。1970年，為了表達對創辦者的敬意，選擇了Grange當作品牌名稱。Grange是一家象徵法式藝術的公司，在全球45個國家、150個分店都可以欣賞到他們披著美麗、感性顏色外衣的系列家具。

主要產品／床、椅子、桌子、櫃子

代表設計師／Grange設計團隊
www.grange.fr

工匠精神與經驗的成功學
Collinet

Collinet自1887年創立以來，現在已經傳到了第四代，員工超過百名以上，是法國最成功的家具公司，將自動化與數位控制導入產品，經驗老道與專業精神正是該品牌的最佳關鍵字。摩登又不失古典的家具風格，是該品牌人氣歷久不衰的主要原因。

主要產品／椅子、沙發、桌子、床、收納櫃等
代表設計師／Collinet設計團隊
www.collinet-sieges.com

藝術家具設計
Domeau & Pérès

Domeau & Pérès是1990年Bruno Domeau與Philippe Pérès創立的品牌，在短短數年內就有驚人的成長。他們邀請Matali Crasset、Erwan & Ronan Bouroullec、Andrée Putman等知名設計師為其設計獨特、新鮮的作品，兩位創業家為了推廣現代美術，還開了藝術畫廊。

主要產品／椅子、沙發、桌子、飾品
代表設計師／Eric Jourdan、Martin Szekely、Matali Crasset、Pablo Reinoso
domeauperes.com

天馬行空的實驗精神
Moustache

紙氣球造型燈具、組合式家具以及黃金沙發，不難看出Moustache的超現代居家用品風格。網羅了法國、其他國家的設計師，像是Matali Crasset、Inga Sempé、Big-Game

一起攜手創造出嶄新創意的作品，拒絕無意義的價格吹捧，提供最實際、合理的價位，也是這個品牌的魅力之一。

主要產品／椅子、沙發、鏡子、燈具
代表設計師／Inga Sempé、Matali Crasset、François Azambourg、Ana Mir & Emili Padrós
moustache.fr

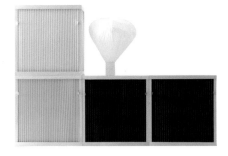

色彩繽紛戶外生活
Fermob

以創造靈感、設計流程所成就的戶外家具品牌，風格特色為簡約，但給人非常強烈的印象。是一間注重投資環境的企業，在法國、紐約、東京、倫敦等世界中心城市，看到最多的就是這個品牌。家具有二十三種顏色可以選擇。

主要產品／戶外桌椅
代表設計師／
Frédéric Sofia、
Pascal Mourgue、
Andrée Putman、
Patrick Jouin
www.fermob.com

精雕細琢的摩登家具
Crozatier

1904年推出的品牌，堅持使用最好的材質以及講究的細節。兒子從父親手中接過的不只是家業，也包含了設計哲學與工匠精神。Crozatier的家具具有洗鍊的美感與驚人的細節，在色調上尤其令人讚賞。黑色的餐桌椅組以及在顏色上玩點花樣的收納櫃系列，充分使人留下深刻印象。

主要產品／家具、織品、家飾、壁紙、燈具、地毯
代表設計師／Crozatier設計團隊
www.crozatier.com

Textile & Lighting

當色彩遇上條紋
Nobilis

Nobilis有「優秀」、「高貴」的含意，創始於1928年，以接近百年歷史為豪，為織品、壁紙、生活、家具品牌。創辦人Adolphe Halard從開第一家精品店起，就開始設計自己的織品系列，後來產品的發展更齊全，除了織品、壁紙，也設計沙發、家具與飾品。設計風格為保留法國文化的優雅，讓傳統圖案結合時尚，許多知名飯店、餐廳、個人住宅都能看到Nobilis的作品。

主要產品／織品、壁紙、沙發、地毯、飾品
代表設計師／Coralie Feildel Halard、Marc Hertrich、Nicolas Adnet、Lee Eun-il
www.nobilis.fr

壁紙新革命
Élitis

製造色彩豐富且創新的壁紙品牌，設計師從時尚、藝術、建築、電影、旅行找尋靈感。Élitis生產結合織品的壁紙與家具，特色為套用強烈線條或寫實圖案完成的個性設計，巴黎和米蘭都有展示空間。

主要產品／壁紙、壁布、織品、家具
代表設計師／Élitis設計團隊
www.elitis.fr

從古典到當代
Pierre Frey

Pierre Frey取自創辦人的名字，為製作織品與壁紙的公司，從1935年成立到現在，已經傳到孫子這一代了，家族企業的優點就是可以延續相同的哲學與熱情。旗下分成Braquenié（古典）、Fadini Borghi（義式奢華）、Boussac（當代）三個子牌，擁有超過

7,000種以上的商品。主打傳統織品，也有適合摩登風格的飾品與家具系列。

主要產品／織品、壁紙、家具
代表設計師／Pierre Frey設計團隊
www.pierrefrey.com

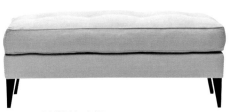

延續百年光輝
Charles

1908年Ernest Charles創立的燈具公司，主要生產青銅鑄造燈具，舉凡壁燈、落地燈等室內照明，Ernest Charles逝世後，事業由兩位學藝術的兒子接手，強化了設計這一塊，創造出品牌形象產品「Charles Lamp」，接著自1965年開始，陸續推出系列產品，發展為法國著名的燈具品牌。

主要產品／室內照明
代表設計師／Charles設計團隊
www.charles.fr

Glass & Tableware

水晶的代名詞
Baccarat

知名的法國水晶生活用品品牌Baccarat，最早開始於法國洛林一個名為Baccarat的小村莊裡的玻璃工廠。Baccarat因其優越的水晶質量與和諧設計而受到歡迎。產品不僅透明度高，還能散發美麗的光芒與響亮的鳴聲。累積至今已有41人獲得法國最優秀職人的榮譽頭銜，Baccarat堅持把這份榮耀繼續傳遞下去，持續以百分之百純手工的製造方式，生產2,000種以上的產品。

主要產品／水晶材質的餐具、裝飾品、首飾、吊燈等
代表設計師／菲利普·斯塔克、Michele de Lucchi
int.baccarat.com

最法國的酒器精品
L'Atelier du Vin

L'Atelier du Vin創立於1926年，是在創辦人的自負心下所誕生的酒器專業製造商，因為產品求新求變，而且富有創意，在歐洲累積出好名聲，已經透過國際通路商，將商品推銷到全球各地。L'Atelier du Vin的產品兼具了功能性與實用性，堅持使用環保材質，簡約、古典是其設計特徵。

主要產品／酒杯、醒酒器、酒櫃等各式酒器

代表設計師／L'Atelier du Vin設計團隊
www.atelierduvin.com

不鏽鋼的璀璨亮麗
Guy Degrenne

Guy Degrenne創立於1948年，剛開始以不鏽鋼產品起家，後來發展成專業的不鏽鋼餐桌用品品牌，產品範圍廣泛多樣，奠定了在法國廚房、餐桌品牌的地位。產品導向為兼具實用與美觀的一貫哲學，2005年推出的Modular Series，更獲得全世界人的喜愛，Guy Degrenne的商品不斷推陳出新，是一個努力求新求變的品牌。

主要產品／葡萄酒杯、馬克杯、盤子等餐具
代表設計師／
Guy Degrenne
設計團隊
www.
guydegrenne.fr

Kids

增添一種法式洗鍊感的童裝品牌
Jacadi

Jacadi是擁有35年傳統的高級童裝品牌，品牌風格是濃濃的法式風情，有0歲到12歲的產品群，在國際上相當具有知名度，洗鍊的顏色、講究細節以及高級布料的使用是其特點，也會考量小朋友的安全與心情。Jacadi還有另一項服務，就是能透過全球各地的分店向總公司訂購兒童家具、寶寶出生用品等等。

主要產品／兒童用品、家具與出生用品
代表設計師／Jacadi設計團隊
www.jacadi.com

小朋友專屬的法式時尚品牌
Bonpoint

成立於1904年，以質料好、講究細節著稱，Bonpoint是家族企業，目前由第二代經營，堅持保留上一代的哲學與工匠精神。Bonpoint的產品具有洗鍊的美感，著重細節上的要求，顏色搭配也相當別出心裁。

主要產品／包含衣服、鞋子、飾品在內的童裝與皮膚保養品
代表設計師／Bonpoint設計團隊
www.bonpoint-boutique.com

設計展覽和特殊節日

Events in France

集藝術、實用、古典、時尚於一身的法式經典設計，
在此介紹家具、美食、藝術等各領域的國際知名設計師與作家們，
齊聚一堂的展覽與節日，
可以預先知道流行的走向，感受設計力的震撼。

一手掌握國際設計脈向

為什麼各行各業的設計師、藝術家每年都要到法國朝聖？從Jean Prouvé、Inga Sempé、Matali Crasset到Philippe Starck無一例外。法國不愧為設計大國，出產許多才華洋溢的設計師，每年都會舉辦許多以設計、生活時尚為主題的展覽、博覽會。

在商業設計、藝術、料理等展覽會上，可說是世界知名設計師與新進設計師的角逐戰場。例如歐洲知名的里爾跳蚤市場（Grande Braderie de Lille）以及在每年的春夏季與秋冬季展出知名商業設計師與新銳設計師作品的家具家飾展（Maison&Objet），都是發表全球居家生活時尚潮流的平台。當然也有比較大眾化的設計展，像是有家具、裝飾、時尚、居家藝術領域的巴黎設計週（Paris Design Week），或者是巴黎秋季展（Festival d'Automne à Paris）每年九月到十二月會在龐畢度中心、歌劇院等地舉辦，有視覺藝術、電影、舞蹈表演可以欣賞。還有人人都可以在大街上體驗法國料理文化的法國美食文化節（Fête de la Gastronomie）。巴黎酒店設備博覽會（Equip Hotel Paris）是法國巴黎國際餐飲、酒店設備的博覽會；FIAC則是法國最大的藝術展覽，規模為世界第三大。

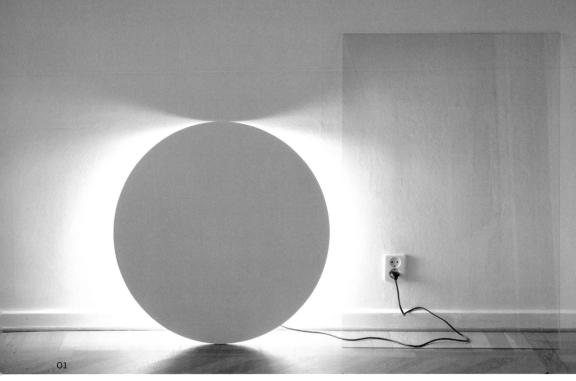

01

01 2012年在Maison&Objet展初次亮相，挪威
設計師Daniel Rybakken的LED燈Colour，
Ligne Roset出品。

02 在巴黎設計週上，可以見到擁有專業技術的
壁紙&織品品牌Élitis。

03 曾在2012年FIAC亮相，Tadashi Kawamata
設計的Exchange Library。

02

03

歐洲最大自由市場（Free Market）

里爾跳蚤市場 Grande Braderie de Lille

位於法國北部最大城市里爾，是歐洲規模最大的跳蚤市場，幾乎涵蓋整座城市。因為比鄰荷蘭、比利時與倫敦，舉行期間，遊客、古董蒐集家從四面八方湧入，人山人海好不熱鬧，如果運氣夠好，還能以超低價買到復古風的椅子、裝飾品等等。兩天的活動時間有交通管制，除了跳蚤市場之外，還有街頭音樂會、表演可以欣賞。

網址／www.lilletourism.com（里爾觀光旅遊局）

01 有街頭表演、音樂會可以欣賞的里爾跳蚤市場。©Laurent Ghesquiere
02 從貨真價實的古董到令蒐藏家瘋狂的復古家具通通有，馬路成了名符其實的市場。
　 ©maxime dufour
03 從復古到古典家具一應俱全，物美價廉，遊客的腳步絡繹不絕。©maxime dufour

世界居家設計角逐戰

家具家飾展 Maison&Objet

居家裝潢與室內設計師們每年的一月到九月，都會緊鑼密鼓準備動身前往巴黎，以免錯過了解下一季家具、裝飾與裝潢設計的走向。Maison&Objet 2012年推廣的主題是ZOOM，主要介紹獨特、創新的居家時尚與家飾廠商，為了讓參展觀眾一眼就能認出講究環保概念的廠商，特別開發一條綠色路線。2012年Maison&Objet的三個靈感啟發路線（Inspiration Course）分別是：以更少選項做更好選擇的「Minimun」；以超越時空、用豐富的情感追求永恆概念，提倡健康藝術品的「Element」；還有讓眼前發達的技術與創新世界刺激想像空間、提倡新未來的「Yes Future！」。

被評選為年度設計師的Hubert le Gall，是一位造型藝術家，擅長重新詮釋家具與裝飾藝術品，賦予它們全新的意義。身為室內裝潢設計界高手中的高手，裝潢館「Scènes D'intérieur」就是由他操刀設計，自然引起眾人的高度注意。坎伯納兄弟（Les Freres Campana）亦是2012Maison&Objet展覽上備受矚目的創作家，提倡跳脫既定的印象去解讀物體，用另類眼光去看待日常生活。另一位設計師吉岡德仁的創作理念是超越設計、建築與裝置藝術之間界線，跟施華洛世奇、愛馬仕、Moroso等國際知名品牌都有合作關係，他也被評選為「Now! Design à Vivre」的年度設計師而受到各界矚目。此外還有展示花卉、園藝家巧思與園藝趨勢的「NEW！Design by Nature」主題館，而「Atelier d'Art de France Young Designers Stand」主題，則是展示法國藝術設計協會（Ateliers d'Art de France）十二名得獎者中六位設計師的作品。

網址／www.maison-objet.com

01 產業設計師Mathieu Lehanneur2011年的作品「明天又是新的一天」（Tomorrow Is Another Day），在靈感啟發路線（Inspiration Course）中展出。
02 「Minimun」展區中Moroso的sofa Blur edition。
03 在「Now! Design à Vivre」展區，可以欣賞到Maison&Objet嚴選的家具與居家用品。

01

02

03

巴黎設計週 Paris Design Week

巴黎設計週的展覽日期剛好在Maison&Objet結束之際，展出的內容五花八門，涉及設計、家具、裝潢、時尚、美術、美食等領域，被評為最大眾化的設計展。在巴黎設計週，你可以見識到畫廊、博物館、美術館平時收藏的大師級作品，當然也有現代設計師作品。若是參觀建築物的主題路線，可以見識到活潑的巴黎建築，以及模糊了設計與建築界線的各種建築、使用創新建材打造的空間等等。「Doolittle」主題區是專為兒童設計的，利用設計引起好奇心，激發更多創意與想像力。飲食文化也需要設計，餐桌藝術、包裝、碗盤等等，充滿了審美觀與感性，來到巴黎設計週，最不容錯過的展區是「Now！Le off」，可以欣賞到許多新銳設計師的作品，這個展區是許多年輕設計師展現作品、累積經歷與翻身的絕佳機會。

網址／www.parisdesignweek.fr

01 知名義大利家具品牌Gervasoni的產品，使用沒經過加工的材料，走的是幾何風格，強調平衡、機能與美觀，在巴黎設計週也能見到。

02 La Cornue為知名廚房用品與家具品牌，以手工製作聞名。設計特徵是獨特的古典風格與節省空間的設計，充分顯現出匠心與巧思。

01 02

巴黎秋季展 Festival d'Automne à Paris

巴黎秋季展於每年的九月到十二月舉辦,能夠欣賞視覺藝術、音樂、電影、舞蹈等多種領域的現代藝術表演。巴黎秋季展是專為現代藝術而存在的,能夠看到最道地的歐洲現代藝術表演,此秋季展由法國文化部與巴黎市贊助舉行,九月會有許多重要的作品。如果是在夏天的亞維儂藝術節獲得好評的戲劇、其他文化圈諸如中國、日本、韓國、非洲等國的表演,也會接著在巴黎秋季展舉行,有法國政府的資助,所以舉辦的地點多半在龐畢度中心、歌劇院等巴黎代表性的博物館與劇場。

網址／www.festival-automne.com

01 展期從九月到十二月,可以雙重享受巴黎之秋與現代藝術,觀光客的人潮總是絡繹不絕。
02 在巴黎地標羅浮宮、國家歌劇院、奧賽博物館等地舉行,可享受到濃濃的巴黎風情。

01 02

一整天的美饌

法國美食文化節 Fête de la Gastronomie

法國觀光部推廣負責人雷德里克·勒非福爾（Frédéric Lefebvre）為了紀念法國料理在2010年被聯合國教科文組織指定為無形文化遺產，宣布從2011年起每年舉辦美食節。人人都可以走上街頭，享受一整天的法國美食饗宴，有各式各樣的小吃美食、餐桌藝術等展覽。

網址／www.economie.gouv.fr/fete-gastronomie/accueil

在法國各地舉行的美食節，這一天到處都可以看到在外頭享受美食的人們。
©Alain Doire

法國現代美術大師Jean-Michel Alberola的作品。

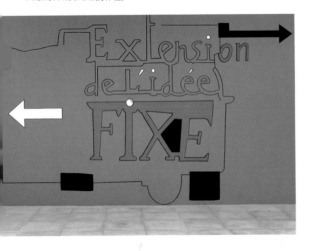

世界第三大藝術展之一

FIAC

FIAC是世界第三大藝術展之一，是可以了解國際美術界動態、非常大眾化、節慶氣息濃厚的展覽。1974年的FIAC是在老舊的巴士底火車站舉行，當時只有80幾個業者參展，參觀人數只有9千多人，到現在已經發展成為五天內有1千多名藝術家表演、7萬多名

參觀人潮的規模;世界各國的畫廊主人、藝術品蒐集家、博物館館長全
都齊聚一堂,也有世界現代美術品的商業交易活動。每年參展的畫廊數
與主題都不一樣,藝術家在參展前,作品的水準與數量都必須通過嚴格
的考驗。參觀藝術展除了能夠親眼欣賞世界各國的優秀作品外,也有助
於培養欣賞藝術的眼光。

網址╱www.fiac.com

一應俱全的飯店用品展

巴黎酒店設備博覽會 Equip Hotel Paris

當我們走進飯店,總會對客房的裝潢、餐廳、沙發、建材等品頭論足一
番,很多飯店為了迎合對流行時尚敏感的客人,必須不定期更新裝潢設
計,兩年一展的巴黎酒店設備博覽會正好提供飯店業者一個絕佳的參考
機會。參展的廠商來自全球各地,累計多達2,500家,有飯店家具家飾、
浴室用品、SPA技術等跟飯店息息相關的業者,也有與餐廳相關的設
計、照明、廚房設備、餐具,或是外燴、宴會相關的飲品、咖啡機廠商
等。現場也會邀請飯店廚師互相交流資訊,大秀飯店餐廳的美食手藝,
每年都吸引了16萬人次前往參觀,規模可說是盛大空前。

網址╱www.equiphotel.com

吸引全球多達2,500家廠商參展的巴黎
酒店設備博覽會。©Stephane Laure

創意英國

產業破例與品味共存，
嚴謹與自由奔放達到平衡的地方。
在輝煌的英國設計史上，加入了創新理念；
在美麗的型態裡，蘊含了真正的社會意識，
現在就來一窺設計強國──英國的設計與居家風格。

Creative
British

被改變的美學
與革新設計

產業革命下所造成的實用,再加上美術工藝運動成就的美學,
產生了像詹姆士‧戴森(James Dyson)如此勇於創新的工業設計大師,
與發明家班傑明‧休伯特(Benjamin Hubert)這種才華洋溢的設計師,
充分顯現出英國多樣性又有深度的居家設計。

01

從工藝與美學起源的
英國設計

拜產業革命所賜，英國雖然可以在短時間內大量製造產品，卻引來許多惡果，像是嚴重的環境污染、貧富差異、品質低劣與其他社會問題。十九世紀下半葉的美術工藝運動，所要面對的正是上述產業革命引發的種種現象。這場由美術家、詩人、社會批評家威廉‧莫里斯（William Morris）所主導的運動，倡導的信念為「以手工製作的方式，生產富美感的生活用品。」

01、02 多樣文化共存的英國，像一個設計大熔爐，有紳士的優雅，也有放克（Funky）追求的自由風格。圖為倫敦市區街景。©Rei Moon

這是設計史上首度慎重審視設計與社會間的關係，不僅成了英國設計的精髓，也是日後發展的契機。

美術工藝運動對許多藝術思潮產生影響，例如從植物的型態獲取靈感的新藝術主義，以及後來登場的裝飾藝術，甚至是德國工作聯盟與包豪斯運動等，對設計世界來說，成了創新發展的基石。

當時與威廉‧莫里斯一起展開美術工藝運動的，還有藝術評論家拉斯金與畫家沃爾特‧克蘭，他們為充滿濃濃英國風情的壁紙、地毯、海報、瓷器、手工藝品留下了設計遺產。尤其是威廉‧莫里斯住過的「紅屋」，充分表現出美術工藝運動的精髓。當然，美術工藝運動也帶給英國許多設計師靈感。

被譽為圖案魔術師的家居設計師崔西‧紀爾得（Tricia Guild）的作品便是代表作，她透過自家公司Designers Guild，推出顏色與圖案都非常別緻的產品，立刻成為「英國風」的代名詞。

01

02

01 傳承美術工藝運動精
　神的國際設計公司，
　Designers Guild的產
　品。©Designers Guild
02 世界第一台無葉扇，詹
　姆士・戴森堅持與挑戰
　的成果。©Dyson Ltd

改變英國生活的三位設計師

1980年代的英國設計因為泰倫斯·康藍（Terence Conran）而產生重大變革，他讓大眾對於設計產品就是「有距離感的高價奢侈品」這樣的印象產生了扭轉。康藍為了讓大眾喜歡「優質且摩登的設計」（Good, Modern Design Within Reach of The General Population.），開設了名為「habitat」的生活用品家具店，重新塑造英國人的居家風格。

說到最創新的英國設計師，絕對非詹姆斯·戴森（James Dyson）莫屬了，他是一位商品設計師，更是製造不需紙袋的吸塵器品牌Dyson的創辦者，素有英國賈伯斯美譽的他，讓世人見識到商品設計的創新。戴森畢業於英國皇家設計學院，有鑑於英國人特有的固執性格，老是把一些設計缺陷視為理所當然，他決定用設計解決這些問題。1978年對於老舊吸塵器的吸力減弱而感到十分不滿的戴森，經過努力不懈的研究，終於設計出世界第一台不用紙袋，並且性能驚人的吸塵器，自1900年以後就一直維持原狀的吸塵器，終於有了驚人的變化。戴森設計的吸塵器在技術上有極高成熟度，一直以來坐穩市場的龍頭位置，而且最早開始的產品型號沿用至今沒有改變，更能證明他的設計從一開始就近乎完美。加上獨特的造型語言（Formative Language），因此被看作英國設計的表徵，也獲得全世界的肯定。無葉扇也是他另一項自豪的產品，打破一般人對風扇的刻板印象，在歷史上更是全新突破。

羅賓·戴（Robin Day）也是英國設計史上的重要人物，不過跟在英國比起來，羅賓在國際上的知名度並不高。設計高達99%的英國人正在使用或曾經使用過的聚丙烯椅子（Polypropylene Chair）的主角就是他，英國大部分的住宅、公共場所、日常生活中，皆不難看到這把外表看似普通椅子的蹤影。羅賓勇敢丟棄設計品特有的稀少性與不合理的高價，致力將其推廣到一般生活中，因此他的設計椅有「日常裡的驚人產品」之稱，一推出立刻受到廣大喜愛，到目前為止共賣出1,400萬把。他降低材料與組裝費用，訂立了最合理的價格，也提供舒適與便利性。

政府政策積極，設計成長壯大

「要設計還是要衰亡？」這是英國首相柴契爾夫人講演時曾說過的一句話，可以知道英國政府對設計的重視，從英國政府經營的設計理事會（www.designcouncil.org.uk）也可以看出端倪。由於擁有非常完整的體系與經營政策，因此被其他國家奉為效法的對象，英國設計理事會不僅會公開英國的設計公司是透過何種過程，開發出一套產品與服務系統，也會說明創造出來的利潤。一些跟設計比較扯不上關係的小規模公司，也可以在英國設計理事會的幫助下取經學習，將設計應用到商業上。理事會平時也會整理各家設計公司的基本資料，好幫助顧客找到合適的設計公司，扮演最佳中介的角色。此外，還會開設一些設計教育課程供大眾報名學習，進行實質上的設計教育。

潛藏社會意識的英國設計

英國設計的其中一個特徵，就是透過設計表達強烈的社會訊息。Loop.pH設計工作室承包的Metabolicity專案就是最好的例子，透過一種名為生物循環（Bio-Loop）的模組，讓植物栽培在都市裡，除了可以綠化城市，也有助於改善社會問題，實施的地點以東倫敦為主。當然設計公司並不只負責為此專案設計出在都市內種植植物的方式，還要實地裝設在包含傑米・奧利佛的餐廳Fifteen在內的東倫敦地區，其中也包括社區中心、設計辦公室、有嚴重毒品與暴力等社會問題的公寓住宅區在內，當然也需要誘導英國人民積極參與這個活動。很多人在短短一年當中，從細心照料植物的過程中漸漸敞開心扉，開始跟旁人交談，原本用來交易毒品的陰暗後巷，被美麗植物裝飾得很溫馨，這樣的都市計畫也肩負了發送正面能量的功用。

蘊含社會意識的英國設計革命。圖為Metabolicity Project實景。©Rei Moon

尋找延續復古與升級改造（Upcycle）的設計

一談到英國設計風格，許多人會先想到復古兩個字，從歷史上不難得知，擁有許多設計資產的英國，其實一直很努力找尋能夠解決環境問題的設計，這是英國設計重要的課題之一。與其摒棄過去的遺產去開發新的東西，倒不如以過去經驗為基底，提出一種新的範例。也就是說保留復古的基礎，然後添加全新設計，促成所謂「Upcycle」（透過設計，讓回收的產品發揮比原來更高的價值，而且是有益於環保的。）而不是「Recycle」設計，這樣的設計理念目前已經擴展到全世界，也一直被當成設計續存的最佳典範。

為未來做準備的年輕設計師群

英國從1990年代後半期到2000年中半期之間，幾乎是湯姆‧迪克森（Tom Dixon）、賈斯珀‧莫里森（Jasper Morrison）等設計師的天下，擁有自由造型語言的英國年輕設計師們，則緊追在後，致力於創造新的設計。其中最具代表性的年輕設計師是班傑明‧休伯特（Benjamin Hubert），他的設計特色就是善用材質本身所具有的特徵，雖然同樣注重英國特有的粗線條型態，但是不會把全部的焦點都聚集在型態與外觀，而是充分了解玻璃、陶瓷、木頭、鐵這些材料本質後，在製作過程中賦予它們應有的價值，當然也不會忘記添加巧思在設計上。另一個例子就是設計團隊Barberosgerby，2012年倫敦奧運聖火的設計，就是由該團隊的Edward Barber與Jay Osgerby設計，他們也為國際知名設計公司如Capellini、Fros、Vitra、Venini設計家具，積極擴張自己的事業版圖。

撰文／Rei Moon

01

02

01 Barberosgerby的經典之作，Tip
　　Ton Chair。© Barberosgerby
02 Benjamin Hubert的新作，
　　Juliet。©Benjamin Hubert
03 Tom Dixon創新設計的燈具，
　　Etch。©Tom Dixon

03

英國設計界教父 Terence Conran

Live in Design

英國設計史上有一位重量級人物，那就是Terence Conran。
他有多重身分，是設計師、作家也是事業家，
坐穩了英國設計界的教父地位，
這幾十年來他改變了英國人的生活風格，
正如他強調的：有品味的生活。

被譽為英國設計活歷史
的Terence Conran。©
Conran Group

01 他的經典之作，Matador Chair。
© Conran Group
02, 03 為英國人帶來新生活風格的
habitat宣傳手冊。© Conran Group

The Design Museum的創辦人，也是英國第一家生活用品家具店habitat
與設計公司Conran Shop的老闆，他旗下還有包含全倫敦最頂級餐廳
Bibendum在內的數十家餐廳，是率領建築、產品設計、設計規劃以及
裝潢公司的靈魂人物，這一位時代的創造者，除了帶給大眾華麗裝飾以
外，還有一句至理名言：「我希望我總是被人稱為設計師，一個被人記
住的設計師。」

因應時代，發現新的生活風格

Conran口中的設計，是能夠幫助人類生活更加便利、持續為空間注
入樂趣的元素。他說：「第二次大戰結束後，英國變成一個無聊至極
的國家，大眾根本不去追求美味的食物，所以連一家像樣的餐廳也沒
有，當然也沒有設計師這個名稱，有的頂多是以工藝美術師（Industrial
Artist）自詡的小集團。」Conran在那個時期看了一本有名的歐洲料理書
後，首度出發去國外旅行，他的足跡踏遍法國、義大利、西班牙的鄉下
村莊，到市場享受新鮮蔬菜的香氣，在田野間聆聽清脆的鳥鳴，在小餐
廳裡享用美味的餐點。

01 habitat兼具實用與藝術性的書房系統。Photo by
John Maltby©RIBA
02 緊鄰泰晤士河的Design Museum。Photo by Luke
Hayes ©Design Museum
03 顯現Conran設計感的書櫃Balance Alcove
Shelving。材質為橡木膠合板,演繹出摩登時尚。

01

Conran在旅行期間產生了一個「希望告訴大眾如何享受生活」的夢想,
直到現在,他所設計的家具、生活用品,以及開設的設計公司、餐廳,
蓋的建築物、裡面的裝潢等等,全都朝著當時的想法前進。

英國第一家生活用品家具店,habitat

Conran把夢想付諸實現的第一步,就是成立向來有「英國Bauhaus」之
稱的生活用品家具店habitat。Conran自從在1950年參與盛大舉行的文
化活動The Festival of Britain後,努力了十年想要把自己的設計介紹給
大眾。當時他積極找尋願意幫他賣組合式家具(Flat Pack)的商店,無
奈沒有任何一家店對他的想法有興趣。雖然沒有人願意賣他所設計的商
品,不過他也不因此氣餒,反而看成是一種轉機,他開始想到可以自己
開店,但不要只賣家具,而是一個充滿生活新創意的空間,於是,為英
國人帶來摩登設計與摩登生活風格的habitat就這麼誕生了,habitat的成
功證明了一般人正過著比以前更舒適的生活。後來Conran陸續開設的設
計公司、咖啡店、餐廳等等也都無往不利,而這些品牌也更加豐富了英
國人的生活。在他眼裡成功的祕訣是:2%的神祕元素再加上93%的常識
(Common Sense)。

為設計史帶來創新的開拓者

Conran認為英國設計的關鍵詞是「創新」，英國人在創新發明這一塊的「才能」，成了英國比其他歐洲國家還早發生產業革命的契機，也是讓英國發展成設計強國的原動力，強調他與英國設計師、藝術家都懂得保留自己的風格，一方面又能迎合變化萬千的世界。不管是發明無紙袋吸塵器的James Dyson還是Conran自己，都喜歡拿素有「設計界的達文西」之稱的Thomas Heatherwick當例子解釋創新設計。Conran對於發掘新銳設計師也具有一定影響力，被他注意到的設計師，形同實力獲得肯定，也代表著他將獲得發展的機會。Bethan Gray是Conran目前極為重視的女性設計師，她的作品型態純粹且簡單，但又不失優雅與摩登。

03

在Conran擔任皇家藝術學院院長期間，對於極具潛力的韓國學生，從不吝嗇給予鼓勵與建議，他說：「多多參加博覽會與展覽，去欣賞其他作品、多多跟人接觸，盡量寫滿你的剪貼簿，並把它們付諸實現。學習手工製作的技巧也很重要，徹底了解材料的性質與製作的過程，是身為一個設計師應該具備的知識，我從沒設計過用手做不出來的東西。」Conran的設計哲學就是要具備簡單、優雅、美麗，而且是每個人在日常生活中都會用到的。這位為了設計而活的大師，本身的經歷對英國設計與生活風格來說，是一段轟轟烈烈的歷史。

撰文／Lloyd Choi（設計師·策展人）

充滿想像力的設計界達文西 Thomas Heatherwick

Dream Maker

2012年倫敦奧運聖火台的設計師Thomas Heatherwick，
一個散發少年單純氣息，充滿想像力的設計師，
他的創新設計以英國精神、人類愛為出發點，
不僅提出卓越的設計案，更有英國設計界的達文西封號。

素有英國設計界達
文西美譽的Thomas
Heatherwick。

01,02 融入遊戲樂趣的椅子Spun Chair，為Magis所設計。
03 Heatherwick添加時尚因子的設計巧思。拉鍊包（Zip Bag）上面特殊的拉鍊設計，可以低調也可以大方展露。

2010年上海世界博覽會最熱門的英國館（United Kingdom Pavilion）、未來指向設計的倫敦雙層巴士路霸（Routemaster）、2012年倫敦奧運聖火台的設計者，Thomas Heatherwick代表英國完成許多重要設計。他說：「我喜歡小孩子玩的東西，就是一般人稱的『遊戲』，因為我發現長大之後童心也跟著消失了。我從小就對發明東西很感興趣，後來在學校漸漸學到怎樣把腦子裡想的東西做成實際物體，或是具體表現出來，所以說現在其實就是一直在做小時候玩的遊戲，如果說有什麼不同點，

大概就是小時候是一個人做，現在則是跟各種領域的專家一起做吧！」
與其說Heatherwick從小立志當設計師，倒不如說把自己感興趣、正在
做的事情稱為「設計」。雖然世人喜歡用建築家、藝術家、發明家來稱
呼他，不過他覺得自己只是一個解決問題、把想法具體實現的「Dream
Maker」。

充滿夢想的設計師，改變了倫敦

不久前Heatherwick才受到倫敦市長的委託：「把消失的倫敦巴士路霸
（Routemaster）設計回來。」路霸是一種紅色的雙層巴士，曾經是英國
的標誌物之一，這種巴士沒有固定的停車站，只要在路上看到它，隨時
可以從後門爬上去坐。若是坐在二樓最前面的位子，還可以看到倫敦市
區的風景。路霸除了為倫敦市民帶來樂趣，更是倫敦人的驕傲，但是後
來因為安全的考量，路霸被有固定停車站、門打開才可以上車的普通巴
士取代。

Heatherwick原本就是一個會跟安全、健康妥協的人，他打算把所有對
乘客造成威脅、不舒適的問題點一一刪除，例如把巴士上的燈泡換成養
雞場裡、為了讓母雞生蛋而24小時都點亮的螢光燈。他想帶給倫敦市民
並非全新的東西，而是找回曾經忽略的人性化設計，並且能夠重拾旅行
樂趣。他改良後的路霸，椅子坐墊跟手把這些小細節都重新設計過，具
有搭配的美感，上到二樓的兩個階梯也增設窗戶，人在車子裡移動的同
時，也能欣賞窗外風景。在見識到由他親手操刀設計出的全新巴士後，
全英國人都對他讚譽有加，認為「偉大的藝術家與發明家——達文西，
重新以設計師的身分回到了現代。」

種下夢想種子的英國鬼才

一般人對英國人的印象是來自於足智多謀、才華洋溢的福爾摩斯，對
於英國人的鬼才病（British Eccentric），把發明看得比設計還重要的
Heatherwick解釋為：「在英國的確有很多各種領域的鬼才，因為他們不

會壓抑自己的熱情，總是一味地投入。」再加上居住在倫敦的其他國家人才的助勢，才讓現在的英國成為設計強國。

2010年上海世博會上，那一棟開放公園、外觀令人印象深刻的英國館成功引起熱烈討論。在7.5公尺高的盒形建築物上，插了6萬多根壓克力棒，當這些壓克力棒隨風搖曳時，看起來就像水晶髮絲，所以被命名為「Hairy Building」。展館內部更是驚人，每一根棒子的尾端，皆種植了英國皇家植物園邱園贈與的種子，白天吸收光亮後，像髮絲一樣的水晶棒顯得十足神聖，所以又被稱為種子殿堂（Seed Cathedral）。

「現代人蓋房子主要使用冰冷的金屬或其他亮晃晃的材質，反而給人一種死氣沉沉的感覺，如此缺乏靈魂的建築，當然會使人產生排斥感，所以一開始我就打算創作比較另類的設計。我們的工作室會先考慮到建築的表面與質感，因為主要思考的方向是，當高聳建築矗立在天際時，該怎麼樣才能讓建築看起來柔軟，而不光是尖銳的感覺。」

當他在設計英國館的時候，腦中突然浮現在一片遼闊的麥田裡，數以萬計的種子隨風飄散的情景，就像電影場面，於是他開始苦思為建築物注入生命力的方法。人們會覺得樹木、花草是美麗的，但是對於種子可就不這麼想了，所以他決定在人來人往的地方，把種子塑造成最重要的存在，這項工作的艱難度就在於，好像要把一個普通人塑造成英雄人物那樣。最後在邱園的種子運抵時，他越來越確定可以讓大眾見識到前所未有的設計。

大眾對英國的刻板印象無非就是足球、女王、雨天、大紅色的郵筒，能夠跳脫這些固定框架以種子來詮釋英國印象的人，恐怕也只有Heatherwick才辦得到。英國政府希望他的設計能夠躍進前五名，對於這個不是命令的命令，他苦思如何讓英國館更加與眾不同，從眾國家的作品中脫穎而出，他了解不能以大眾心目中所期待的那一套去施行，因為這樣只會讓成果變得無趣、無法激發出想像力，最後他採用一般人完全不會聯想到的種子來代表英國，為英國拿到了第一名佳作。

2012年版的路霸巴士。有與眾不同的外觀以及為乘客著想的細節設計。

點子加上策略等於設計

因為設計師的身分,讓他看起來好像有某種使命感,而且比別人更有想法,他的設計哲學就是只要有點子跟策略,設計自然而然就會冒出頭來。他相信自己最重要的任務,就是創造出這個社會甚至是全世界都會需要的東西,所以最近他把注意力放在醫院的建築上。

他希望可以設計出一個讓病患就醫治療時能留下良好經驗、讓醫護人員工作環境更加舒適的環境,這種迫切的心情甚至讓他睡不好覺。他總是像一個成天懷著夢想的小男孩,與眾不同的是,他的確擁有可以實現夢想的能量,他正是這個時代真正的夢想創造家,對點子、夢想以及人類的關愛總是源源不絕。

撰文╱Lloyd Choi(設計師・策展人) 照片:Thomas Heatherwick、V&A Museum

01 2010年為上海世博所設計的英國館。
02 即使是大型設計物也充滿了巧思。下圖是可以捲起來的木橋。©Steve Speller

備受矚目的英式復古拼布 Lisa Whatmough

Timeless Vintage

英式古典風格雖然存在已久，
但因為在過程中不斷力求改變與創新，所以可以持續進行下去。
Lisa Whatmough以魅力感十足的拼布，呈現最具英國風格的設計。

01 全世界最受矚目的復古
　拼布設計師——Lisa
　Whatmough。© Rei
　Moon

02 Boundary Hotel英式套
　房（British Room）裡
　的拼接椅。

有時候過於悲天憫人的性格也是促成設計的契機。在復古織品布料工作室工作的Lisa Whatmough，在看到那麼多美麗布料被丟棄之後，心裡覺得非常可惜，因為那些並不是大量生產的布料，後來她想到可以利用拼接的方式讓這些布料起死回生。而現在，全世界都在讚歎她巧手之下誕生的拼布設計。Lisa Whatmough大學時期主修美術，現在的她成立了自己的品牌Squint Limited，介紹更多美麗的拼布設計。不管是唸書期間還是現在，Lisa Whatmough總是喜歡尋找老舊的東西，然後重新幫它們翻新改造，居住在擁有悠久歷史、豐富古蹟的國度——英國，意味「找尋老舊事物」是唾手可得的事情，在環境、經驗、興趣的加持之下，她成功塑造出屬於自己的風格。

「在我的拼布事業剛起步時，就獲得在英國最古老的百貨公司利伯特（Liberty）展示的機會，你知道，利伯特百貨公司一直以來都很努力保持傳統，到現在依然維持著剛成立時的裝潢，像是老舊的柱子、天花板，還有裝飾壁面的木板等從來都沒換過。所以當我忙著設計預備展示作品時，腦中也跟著浮現出許多點子來，一想到我的作品會放在最有英式風格的地方展覽，對於顏色的選擇、設計的方向也就有了靈感。」

Lisa Whatmough的風格就是懂得怎麼融合過去與現在、時間與空間，她本人最喜歡1960年代的維多利亞風格沙發以及沙發旁的家飾。當她工作時，不會花心思煩惱哪個部位看起來比較老舊，或是哪個部分看起來更花俏，而是把眼光放遠，隨心所欲為老家具穿上未來的新衣，完成令人期待的作品。Lisa Whatmough眼中的英國設計，在過去幾年似乎跟純粹藝術（Pure Art）玩起了大風吹，其實當你看到某種風格時，並不用急著為它下「這到底是純粹藝術呢？還是設計？」的定義，她相信只有不劃地自限，保持純真心靈與感受的人，才是產生變化的推手，也有越來越多的人認為，變化是會一直不斷持續的。對於Lisa Whatmough來說，她反而覺得英國的純粹藝術，在某種程度上受到英國設計的影響比較大。

撰文／Rei Moom　網址／www.squintlimited.com

忠實簡約與機能並行的設計Benjamin Hubert

Simple Effect

追求視覺縮減、簡約以及講究機能性的設計師Benjamin Hubert，
他所認為最貼近英國風格的設計，
是要能對材料特性擁有完美的理解與應用。

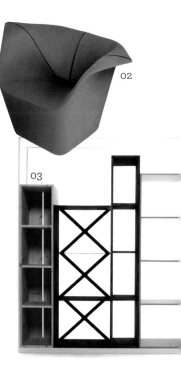

02

01

03

01 洞察材料本身特徵的
　 年輕設計師Benjamin
　 Hubert。©Rei Moon
02 為Cappellini設計的
　 Garment Chair。
　 ©Benjamin Hubert
03 呈現設計者對材料卓越
　 理解力的模組收納系
　 統。為CASAMANIA操
　 刀設計，只使用了工
　 業材料。©Benjamin
　 Hubert

1984年出生的道地英國人Benjamin Hubert，擁有俊秀的外表與堅強的實力，在國際中擁有亮眼表現，堪稱最受矚目的英國設計師，對材料的本質有相當程度的了解，兼具功能性與美學，簡約、慎重、美麗是他慣有的設計風格，然而英國設計的特色「巧思」，是促使他的設計更加出類拔萃的主因，最好的例子就是他為Cappellini設計的Garment Chair，看起來就好像一座大型的摺紙作品，打破家具給人的固定觀念，為使用者帶來另一番樂趣。

Benjamin Hubert口中的英國設計特徵是「工程（Engineering）」，他認為隨著產業發達，商品大小會因應生活的便利度而改變，也會進行適度的生產，這些因素造就了設計的發展，對其他國家也產生影響。舉例來說，不管是北歐還是義大利設計，都沒有一個概括性的特徵，是能把所有因素全都考量進去的設計，但這些作品不管是放在美國、歐洲、亞洲的任何一個空間都不會有違和感，這是因為它們同樣擁有英國設計中所特有的「平衡」。他相信自己的設計本質深處，一定存在著與英國息息相關的元素，但是他並不堅持只要「英國的」，反而將作品透過國際品牌，像是Poltrona Frau、Cappellini、CASAMANIA、& Tradition等公開亮相。

「我的設計風格就是從正直、沒有多餘裝飾、簡單中追求美麗。先忠實簡約俐落與機能，再去想風格的問題，這就是典型的英式設計特徵，不像義大利、法國、西班牙這些西歐國家急著把所有特點一次表現出來，我是懂得節制並有所堅持的，就跟『英國紳士』給人的印象一樣。」

將來英國設計應該會繼續歷經變化，「設計」可能會追隨生活風格，也可能會帶領生活風格，機能、風格都只會因應英國人的生活而改變，Benjamin Hubert強調，往後的設計取向會朝「淘汰所有多餘的要素，只留下核心部分前進。」是屬於絕對、必要性的型態，然後再從中發揚美麗的價值，這將是英國設計，甚至全世界設計的必經之路。

撰文／Rei Moon　網址／www.benjaminhubert.co.uk

英國設計師百年史 1834～1984

Designers

為英國設計史留下精彩記錄的世紀大師，
從美術工藝運動的William Morris、
享譽國際的Tom Dixon、Jasper Morrison，
以及為英國居家風格帶來嶄新魅力的新銳設計師Benjamin Hubert。

William Morris 1834~1896

1

威廉‧莫里斯

為設計師、藝術家、作家與社
會運動家。產業革命過後，在
社會型態轉為大量生產之際，
提倡美學與手工藝回歸的美術
工藝運動主導者。所設計的
Sussex Chair、Reclining Chair、Red House
等，到現在仍為許多英國設計師帶來靈感。

網址／www.williammorrissociety.org

Eileen Gray 1878~1976

2

艾琳‧格瑞

出身愛爾蘭的建築家與家具設
計師，被評選為二十世紀初最
具影響力的女設計師。深受現
代主義與裝飾藝術的影響，主
要使用產業素材，擅長把幾何
學的型態導入設計裡。代表作有E1027 Table、
Bibendum Arm Chair、Bonaparte Chair。

Robin Day 1915~2010

羅賓・戴

被定義為工業家具設計師的羅賓，堪稱英國的國民設計師，備受世人推崇，他的經典代表之作正是最早量產的聚丙烯椅子（Polypropylene Chair），一推出立刻大受歡迎，銷售數量超過1,400多萬把。他跟織品設計師老婆Lucienne Conradi一起攜手合作，因此也有人把他們稱為英國版的伊姆斯（Eames）夫婦。

3

David Mellor 1930~2009

大衛・梅勒

素有餐具皇帝之稱的設計師，出生於十七世紀英國製造餐具的重鎮雪菲爾（Sheffield）。由於父親是工具製造商，從小對鐵這個材料自然不陌生，他設計過很多作品，像是線條簡單流利的餐具、燈具、英國公車站、郵筒等等。

網址／www.davidmellordesign.com

4

Terence Conran 1931~

泰倫斯・康藍

英國第一間生活用品家具店habitat與設計博物館的創辦人，他影響英國人的生活風格鉅深，以至於有人把1980年代稱作是「康藍時代」。他的事業廣布全球，名下擁有超過三十家餐廳、出版社以及零售店舖，1983年受封為爵士。

網址／www.conran.com

5

Norman Foster 1935~

諾曼・福斯特

畢業於曼徹斯特大學建築系，後來拿獎學金到耶魯大學攻讀碩士學位的資優生。1967年在倫敦開設Foster+Partners建築事務所，正式投入設計師的行業。諾曼的得獎記錄豐碩，曾在86個國家中獲得470座獎項。

網址／www.fosterandpartners.com

Tricia Guild 1938~

崔西・紀爾得

世界知名織品設計師，1970年創立居家＆生活風格品牌Designers Guild。創作的圖案靈感多來自於植物、花卉、樹木等大自然的素材，或是旅途上的所見所聞，透過手工藝提高作品的水準。設計的作品有布料、壁紙、家具等。

網址／www.designersguild.com

Paul Smith 1946~

保羅・史密斯

享譽國際的時尚設計師保羅・史密斯，他的才華不僅限於男裝設計，他設計過的類型有家具、餐具、地毯、藝術品、照相機、書、蘋果手機系列商品等，都是充滿感覺的居家與生活風格設計。

網址／www.paulsmith.co.uk

David Chipperfield 1953~

9

大衛・齊普菲爾德

道地英國建築家，師承斯蒂
芬・道格拉斯（Stephen A.
Douglas）、理察・羅傑斯
（Richard Rogers）與諾曼・
福斯特（Norman Foster）等
著名英國建築家。因為替三宅一生設計位於倫敦
的店面，所以在日本擁有極高的知名度，目前往
來於倫敦、柏林、米蘭、上海等國際大都市，為
許多知名品牌做建築、裝潢、家具方面的設計。

網址／www.davidchipperfield.co.uk

Jasper Morrison 1959~

10

賈斯珀・莫里森

深受世人喜愛的商品
設計、家具設計師。
為極簡主義（Super
Normal Design）設計
大師，他提倡的簡約美
與感性飽滿概念獲得廣大迴響。可從國際
知名品牌Flos、Alessi、Magis見識到他優
雅、充滿巧思的作品。

網址／www.jaspermorrison.com

Tom Dixon 1959~

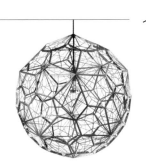

11

湯姆・迪克森

出生於突尼西亞，四歲的時候搬
回英國。曾在1997年擔任habitat
首席設計師，之後也在Artek工作
過一段時間，他為Cappellini設計
的S Chair驚豔全世界，其他尚有
許多利用特殊材質與豔麗織品做成的家具與燈具。

網址／www.tomdixon.net

Kelly Hoppen 1959~

凱莉‧赫伯

英國皇室欽定的世紀裝潢設計師，她從16歲開始設計餐廳，從中累積了許多實務經驗，主要使用像米黃色這類新世紀顏色，設計出優雅、有品味的作品。除了裝潢，也設計飾品、壁紙、牆面藝術、家具、地毯與香水等生活風格相關物件。

網址／www.kellyhoppen.com

12

Pearsonlloyd 1967~

皮爾森勞埃德

由盧克‧皮爾遜（Luke Pearson）與湯姆‧洛伊德（Tom Lloyd）兩位男設計師組成的工作室，自1997年起陸續進行過家具、商業產品與交通運輸的設計。曾為知名的Magis、Classicon、Walter Knoll等品牌操刀，善於將創新技術導入設計。漢莎航空2012年5月亮相的商務艙座椅也是他們的作品。

網址／www.pearsonlloyd.com

13

Baberosgerby 1969~

巴伯奧斯葛比

由愛德華‧巴布爾（Edward Barber）與杰‧奧斯戈比（Jay Osgerby）創立的設計工作室，主要進行家具、工業設計。這支設計團隊實力了得，曾為Vitra、Magis、Flos、Cappellini操刀，2012年倫敦奧運的聖火也是出於他們之手。

網址／www.barberosgerby.com

14

Lee Broom 1975~

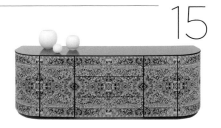

15

李・布魯姆

華麗、裝飾、優雅風格的設計
大師,在家具、燈具、裝潢設
計都有傑出表現。布魯姆早年
在中央聖馬丁藝術與設計學院
學流行設計,後來他把對時尚
流行的敏感度轉移到居家生活,開創出自己的個
人特色。2009年時因為《時代週刊》介紹他的
Heritage Boy系列作品,開始聲名大噪。

網址/www.leebroom.com

Donna Wilson 1977~

16

朵娜・威爾森

朵娜・威爾森充滿童話色彩的
作品,能為現代人帶來小確
幸,因為從小在蘇格蘭田園
長大,所以作品融入了濃厚的
蘇格蘭情調。其設計的餐具、
織品、娃娃等系列,無不受到世界雜貨迷的喜
愛。2007年開始拓展自己的設計領域,推出Hue
Sofa作品。

網址/www.donnawilson.com

Benjamin Hubert 1984~

17

班傑明・休伯特

國際上最受矚目的英國設計師之
一,畢業於拉夫堡大學工業設計
與技術學院。他對於物性有非常
完美的理解,設計特色是善用英
式簡單線條以及節制的美感,是
CASAMANIA、Cappellini、Poltrona Frau等世界
知名品牌的愛用設計師,前途一片看好。

網址/www.benjaminhubert.co.uk

33個反映英國風格的居家生活品牌
Live with Style

在圖形、織品非常發達的英國，一件家具一個盤子都充滿了創意跟感性。
以下是33個最能反映英式居家與生活風格的品牌。

獨特設計感的沙發
Boneli

Boneli專門生產摩登、擁有獨創設計的沙發，追求別樹一幟的造型，以及絕對的舒適感，曾在〈100%倫敦設計〉參展會上成為矚目焦點，未來發展走向就是呈現給大眾別開生面的設計。Boneli的設計風格獨特、簡單，喜歡使用活潑色系演繹出現代英式風格。以生產沙發、咖啡桌為主，是一般家庭、辦公室都能使用的家具，比較特別的是沙發套是可拆卸的，隨時能拆下來清洗是最大優點。

主要產品／沙發、咖啡桌
代表設計師／Boneli設計團隊
www.boneli.com

奢華的單人沙發
Ambient Lounge

專門生產單人沙發的品牌，沙發椅背看起來像是刻意被立起來一樣，整體造型呈現獨特的「L」型。其實Ambient Lounge有超過三十年以上的時間沒沒無名，直到聘請澳洲籍設計團隊進駐後，才開始受到矚目。色彩繽紛、帶點放克風格的豆袋椅機能性相當高，放在咖啡店、小閣樓、高級公寓、民宿都很合適，其他色彩鮮豔、造型獨特的沙發坐起來更是舒適。有防水型沙發可用於室內外，另外也有高級系列以及寵物系列沙發。

主要產品／豆袋沙發
代表設計師／Ambient Lounge設計團隊
www.ambientlounge.co.uk

穿上設計外衣的家具
Established & Sons

Established & Sons成立於2004年，首度在2005年米蘭家具大展上亮相，希望能在國際舞台上傳遞並復興英國設計的真諦。Established & Sons總是積極栽培才華洋溢的新銳設計師，讓他們的專才得以發揮到淋漓盡致，而且也百分之百支持與尊重他們的設計風格，所以產品中有許多前所未見的家具。目前Established & Sons正以眾多創新點子的設計嶄露頭角。

主要產品／椅子、沙發、抽屜櫃
代表設計師／Jaime Hayon、Barber Osgerby
www.establishedandsons.com

Terence Conran的生活風格
habitat

一提到英國就會聯想到的生活用品家具品牌，為英國知名設計師Terence Conran於1964年所成立，販賣各式生活用品、雜貨與家具的商店。Conran喜歡用不同角度視野審視日常空間，再賦予全新變化，所以在habitat，最大的好處就是可以找到許多另類商品。除了Conran自己設計的商品外，也有其他知名設計師的作品，價格並不會太貴，在英國算是國民品牌。

主要產品／家具、雜貨
代表設計師／Terence Conran、habitat設計團隊
www.habitat.co.uk

重量級的男性家具
Centurion Furniture

位於英國西北部蘭開夏郡的家族企業，從1972年開始製造家具一直到現在，主要生產餐桌、椅子、沙發，特色在於有大器且偏向陽剛風格的家具。嚴格執行控管製造過程，堅持使用上等木材、纖維以及皮革。因為上等的木材讓家具用越久越散發光澤，有客人在1970年買的家具到現在還是完美如新，直到現在Centurion Furniture還是維持手工作業，釘釘子、套皮革等都以人工方式完成。

主要產品／餐桌、沙發
代表設計師／Centurion Furniture設計團隊
www.centurionfurniture.co.uk

工業櫥櫃
Bisley

Bisley最出名的是鐵櫃，為1931
年時鐵板加工業者弗萊迪・布朗
（Freddy Brown）所創立，1980年
首度推出櫥櫃產品，其中賣得最好
的一款「Multi Drawer」，可以依
照需求，選擇想要的顏色、大小、
尺寸，因為是鐵製，顏色又很華
麗，非常適合拿來營造工業風格，
至今仍是經典商品之一，該品牌的
挪威白樺木搭配鐵製
抽屜的桌子也相當受
到歡迎。目前公司由
湯尼・布朗（Tony
Brown）接手經營。

主要產品／櫥櫃
代表設計師／Bisley設
計團隊
www.bisley.com

充分凸顯原木溫暖的家具
Bench Mark Furniture

由西恩・薩特克里夫（Sean Sutcliffe）
與泰倫斯・康藍（Terence Conran）
於1984年創立的木材廠，位置就在
Conran居住的伯克郡小鎮上，交情
很好的他們相互交流製造與設計家
具的技術，早期從生產長椅做起。
Bench Mark Furniture的家具使用
梣樹、櫟樹等堅固木材，再搭配明
亮、溫暖色系的布料，追求傳統之
外又加入創新技術，在高級飯店、
餐廳都有很好的評價。

主要產品／原木桌、椅子
代表設計師／Terence Conran、
Jonathan
www.benchmarkfurniture.com

英國鄉村風家具
Another Country

創立於2010年的Another Country，
是來自於英國多塞特郡地區的當代
家具品牌，英國典型的鄉村風，混
搭傳統的北歐與日式木作風格。堅

持使用FSC（森林管理委員會）認證木材，所有家具都以手工製作而成，修成像彈頭一樣的圓形椅腳是最大特色。

主要產品／椅子、凳子、書桌、飾品
代表設計師／Another Country設計團隊
www.anothercountry.com

木匠手藝的極致
Ercol

1920年Lucian Ercolani在「Chair Making」的資助下成立。以蒸汽實木彎曲技術做出溫莎椅（Windsor Chair），春榆木的加工方法可説是他們的鎮店技術。「在美感中求機能，從設計中創造舒適，為了設計而設計」這句話被Ercol奉為圭臬，可見對家具美感極其重視。透過與年輕設計師像Donna Wilson等的合作，為英國傳統家具設計添加現代的色彩。

主要產品／床、沙發、躺椅
代表設計師／Lucian Ercolani、James Ryan
www.ercol.com

英國Deck Chair之首
Southsea Deckchairs

英國人喜歡在海邊、公園、演唱會、咖啡店、家裡的花園、陽台、寢室放一把折疊躺椅，所以折疊躺椅也可説是英式生活的一項表徵。Southsea Deckchairs是折疊躺椅的製造商，成立至今已經二十個年頭。折疊躺椅的款式五花八門，為四段可調節式，柚木骨架與色彩繽紛織品相互搭配，其中純棉印花款的躺椅放在室外室內都很合宜。

主要產品／折疊躺椅
代表設計師／Southsea Deckchairs設計團隊
www.deckchairs.co.uk

生活與裝飾藝術的融合
Squint Limited

Squint Limited最大特色就是在復古家具上搭配Lisa Whatmough五彩繽紛的拼布，營造出一種混搭的全新風格，恰好反映出英國人鍾愛織品的感性。所有產品皆為手工打造，呈現獨一無二的魅力，也藉由拼布的特性，充分顯現出顧客對此品牌的喜好。

主要產品／沙發、桌子
代表設計師／Lisa Whatmough
www.squintlimited.com

充滿濃厚英國情調的家具居家用品店
Heal's

從1810年創立至今已有200年歷史的Heal's，是家具居家用品店，從知名設計師到新銳設計師的作品一應俱全。凡是知名的生活設計師，很少沒有跟他們合作過的，但Heal's並不滿足於現況，積極投入栽培新銳設計師的行列。上門的顧客能在這裡買到所有想要的東西，包括園藝用品、室內戶外必需品通通有，近來也看得到菲利普‧斯塔克、Tom Dixon、Orla kiely設計的作品。

主要產品／裝潢家具居家用品
代表設計師／菲利普‧斯塔克、Tom Dixon、Orla Kiely
www.heals.co.uk

Tom Dixon作品專賣店
Tom Dixon

有英國設計指標人物之稱的Tom Dixon於2002年創立的設計品牌，主要生產以工業設計為基礎的家具、燈具與飾品。Tom Dixon的成名之作是「Mirror Ball」燈具，其實從其他家具也可以看出他簡潔、洗鍊的設計風格。目前全球共有六十幾個國家販賣他的商品，每年也會推出新系列，讓大眾見識到這位指標性人物持續不斷的用心。

主要產品／家具、燈具
代表設計師／Tom Dixon
www.tomdixon.net

象徵1940年代的設計燈具
Original BTC England

Original BTC England設立於1990年，是一家專門生產燈具的公司，風格為在傳統、工業性質之上融入

主要產品／燈具
代表設計師／George Carwardine、
Kenneth Grange
www.anglepoise.com

現代元素，讓兩者產生美麗的協調感。創辦人Peter Bowles設計燈具時，靈感主要來自於小時候玩過的玩具，以及1940年代的象徵物品，Original BTC England的產品有桌燈、落地燈、吊燈、壁燈與夾燈，大多兼具機能性與實用功能，散發出一種端莊俐落與古典的氣質。

主要產品／燈具
代表設計師／Original BTC England設計
團隊
www.originalbtc.com

英國人最愛的燈具品牌
Anglepoise

1885年赫伯特（Herbert）與他的三個兒子一起開了名為「Herbert Terry & Sons」的公司，專門製作烤麵包架、腳踏車車墊與彈簧夾。1931年George Carwardine向他們購買材料，準備做平衡錘的研究，在過程中偶然發明了Anglepoise燈，之後便專心投入在生產燈具上。曾有民調指出，Anglepoise是英國人最愛的燈具品牌，其中又以「Anglepoise 1934」最受歡迎。Anglepoise與誕生於英國、世界第一座桌上型可彎曲燈Kaiser以及Jielde被列為世界三大燈具。

以松木製作的高級家具
Willis & Gambier

Willis & Gambier是1990年巴尼‧威利（Barney Willis）與甘比爾（Gambier）創立，剛開始只是家以設計寢具為主的小型公司，在短短八年內迅速成長為大集團，肩負生產英國14％雙層床的重責大任。Willis & Gambier因為使用松木而獲得前所未有的成功，1998年起把重點放在生產更實用、更講究外觀的原木家具，主打臥室與廚房的家具。唯一的目標就是生產美麗、終

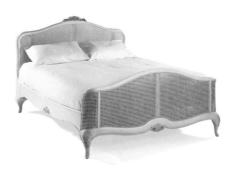

身使用的家具。

主要產品／寢具、餐桌
代表設計師／Willis & Gambier設計團隊
www.wguk.com

重現英式傳統復古
Halo

這個品牌的設計靈感是來自於英國近代主義與象徵二十世紀的設計作品，以傳統的工匠精神與熟練的手工作業，重現正統的英式復古家具，最大的特徵就是超越時空的美感與節制的魅力。Halo產品的風格以皮革和金屬的搭配為主，同時兼具陽剛堅固與女性的感性氣息。這個品牌是1976年菲利普‧奧頓（Philip Oulton）在英國創立，目前由他兩位兒子接手經營。

主要產品／沙發、桌子、手提箱
代表設計師／Timothy Oulton
www.halo-nz.co.nz

英國老牌百貨公司
John Lewis

1864年成立於牛津街上的Jonh Lewis到現在已經有150年的歷史，主要販賣實用、價格合理的商品，是英國最受歡迎的老牌百貨公司。在這裡，生活用品的比重較高，商品風格走向為簡單大方。牛津街店賣的雜貨、生活用品都是經過皇室認證，品質控管非常嚴格，當然也賣自家品牌。搭上2012年英國倫敦舉辦夏季奧林匹克運動會的熱潮，順勢在韓國也設立了賣場。

主要產品／生活用品、布料
代表設計師／John Lewis設計團隊
www.johnlewis.com

享譽國際的頭髮保養品牌
Molton Brown

英國知名的美容品牌，發源於1973年南莫爾頓街一家美髮沙龍店，因為推出的草本、植物萃取成分美髮保養品非常受歡迎，就此打開了知名度。目前在全球各地有超過70個賣場，經由頂級飯店、航空公司販賣以異國原料製成的居家系列商品，比較著名的產品有液態洗手乳、護手乳、噴霧以及天然香氛蠟燭。

主要產品／護髮產品
代表設計師／Molton Brown設計團隊
www.moltonbrown.co.uk

創新的家電設計
Dyson

以無葉扇驚艷全球的Dyson，由英國設計師詹姆斯‧戴森（James Dyson）創立，他把工程帶入產業設計，無紙袋吸塵器一推出立刻製造話題，造成購買熱潮，據說Dyson從1979年開始研發以來，試做的樣品數高達5,127個。

主要產品／吸塵器
代表設計師／詹姆士‧戴森
www.dyson.com

盤子裡的世外桃花園
Portmeirion

設計英國波特梅里翁村莊的克拉夫‧威廉‧埃利斯（Clough Williams-Ellis），把要放在村莊裡販賣的瓷器交給女兒蘇珊負責，蘇珊因為曾經跟丈夫尤安‧庫珀‧威利斯（Euan Cooper-Willis）一起從事過生產瓷器的工作，有這方面的經驗，便設計了一款有波特梅里翁村莊風格的瓷器，沒想到一推出便大受好評，還申請了自己的商標「Grays Pottery Portmeirion Ware」，專心從事瓷器的製作，因為生意一直很好，第二年接收了一家公司，自此正式改名為

「Portmeirion」。1972年推出的「Botanic Garden」，靈感取自於一幅畫，充滿了花、植物與蝴蝶。自從Botanic Garden亮相後，有長達五十年的時間，蘇珊以獨創的設計，坐穩英國瓷器業的前幾把交椅，2006年又接收了另一家瓷器公司Pimpernel，隨後又在2009年合併Royal Worcester，現在已經是規模宏大的集團公司。

主要產品／餐具
代表設計師／Susan Williams-Ellis
www.portmeirion.co.uk

女王的瓷器
Wedgwood

Wedgwood創立於1759年，到現在維持了250年的傳統樣式，因為是英國皇室資助，所以又有「女王的瓷器」之稱。Wedgwood致力於開發新材質、新釉藥以及新顏色，還跟國際知名設計師合作，創下瓷器界許多的新記錄，直到現在，Wedgwood風格典雅、美麗的新瓷器一直穩坐英國瓷器的龍頭地位，堪稱英國自尊心的表徵。除了瓷器以外，也有銀製品、水晶、織品、高級飲料食品以及專業的茶事業，在全球90個國家都有設賣場。

主要產品／瓷器、茶
代表設計師／Wedgwood設計團隊
www.wedgwood.com

英國皇室認證的骨瓷
Royal Doulton

約翰·道爾頓（John Doulton）於1815年創立這家公司時，主要是生產裝飾用玻璃瓶與下水道用管，1871年隨著公司經營權交到約翰的兒子亨利·道爾頓（Henry Doulton）手上後，亨利致力於「把藝術產業化」，於是開始生產高級瓷器。他聘請與自己同所美術學校畢業的設計師，嘗試製作新瓷器。自從1893年在芝加哥國際博覽會上展出1,500個作品，品牌逐漸受到注意，「骨瓷」約是在這個時期推出的。1901年，Doulton的產品獲得英國皇室認證，於是在公司名稱前冠上「皇家（Royal）」字樣，到了1977年更成為瓷器製造業界第一個被英國皇室封為爵士者。2000年，因為英國大量湧入中國等亞洲地區的廉價瓷器與仿冒品，Royal Doulton面臨經營困難的窘境，最後在2005年時被Wedgwood合併。

主要產品／瓷器、食器
代表設計師／Royal Doulton設計團隊
www.royaldoulton.com

像花朵一樣優雅的瓷器
Royal Albert

以維多利亞女王的孫子阿爾伯特親王命名的Royal Albert，是1802年由托馬斯·威廉·外爾（Thomas William Wild）於英國瓷器產業重鎮史篤城創立的。Royal Albert製造的瓷器線條優雅，使用鑲金邊的技術，看起來非常高貴有品味。1897年適逢維多利亞女王即位五十週年紀念，Royal Albert也獻出自家的產品當作賀禮，因為品質獲得皇室認可，商標上便多了王冠的標誌。Royal Albert的代表作是Old Country Rose，1926年之後的販賣量據說超過1億個，一直以來深受全球瓷器收藏家的喜愛。

主要產品／瓷器
代表設計師／Royal Albert設計團隊
www.royalalbert.com

設計活潑的廚房用品
Joseph Joseph

Joseph Joseph是由雙胞胎兄弟理查德·約瑟夫（Richard Joseph）與安東尼·約瑟夫（Antony Joseph）在2003年創立的公司。創業過程中，兩兄弟一起研究技術、互相切磋，從中學到許多寶貴經驗。Joseph Joseph為現代廚房用

品品牌，運用了很多現代技術，商品風格獨特而且色彩繽紛，非常受到客戶喜愛，是在短期內就交出好成績的快速成長品牌之一。

主要產品／廚房
用品
代表設計師／
Richard Joseph、
Antony Joseph
www.
josephjoseph.com

使人心情愉悅的花紋
Cath Kidston

Cath Kidston成立於1993年，當時倫敦街頭滿是沉悶的古董店或摩登的飾品店，她以異軍突起之姿，開設了充滿個性的復古居家裝潢用品店。Cath Kidston店裡的商品絕對是實用而且有意思的，尤其是花朵圖案的燙馬墊套，一推出就被媒體大肆報導，知名度也因此打開。色彩豐富與花朵圖案可說是Cath Kidston的正字標記，隨著經營時間越來越長，產品的花樣也越來越多，很多設計靈感都是來自於日常生活，Cath Kidston為了傳承英國設計傳統，特別推出許多摩登復古風格的商品。

主要產品／時尚單品、碗
代表設計師／Cath Kidston
www.cathkidston.com

將色彩玩弄自如的天才設計師
Designers Guild

創立人兼創意總監崔西・紀爾得（Tricia Guild）於1970年開設的公司，Tricia Guild用色大膽又能演繹出平靜、洗鍊的美感。堅持使用上等材料，像是埃及產的棉花、蘇格蘭產的亞麻，以及瑞士產的紡織品，在技術上也積極求新求變，力圖保持品質完美。2008年時，Tricia Guild與皇室簽訂合約，獲允以白金漢宮、溫莎城堡為題材，設計一系列的皇家系列產品。

主要產品／壁紙、布料
代表設計師／Tricia Guild
www.designersguild.com

由顏色搭起的活潑設計風格
Amy Butler

創辦人艾咪・巴特勒（Amy Butler）是藝術家也是設計師，她七歲就學會怎麼做針線活，天分再加上努力，使她很小開始就能為自己設計東西。1992年開設自己的設計工作室，跟丈夫Dave一起創作出許多作品，她特別喜歡豔麗的色彩和圖案，所以作品風格也總是很鮮豔、活潑。

主要產品／布匹

代表設計師／Amy Butler
www.amybutlerdesign.com

羅曼蒂克的居家風格
Laura Ashley

創辦人蘿拉‧阿什利（Laura Ashley）早期跟丈夫伯納德‧阿什利（Bernard Ashley）一起在小公寓裡製作廚房用餐墊（Table Mat），後來因為名聲傳了開來，規模越做越大，才發展出自己的品牌，接著更拓展領域，也開始生產紡織品、裝飾品、服飾類與家具。Laura Ashley知道人類喜歡從大自然得到安慰，所以特別使用花朵圖案推出很多庭園風的布料，自此以後Laura Ashley幾乎成了歐式大自然風格的代名詞，著名商品有田園風的寢具以及講究細節的家具。

主要產品／寢具、家具
代表設計師／Laura Ashley
www.lauraashley.com

以現代感圖案取勝
Romo

1902年，位於英國諾丁漢的Romo所生產的家具、壁紙材料以及用於裝潢的高級布料幾乎獨佔市場，現在已經發展成規模龐大的集團，旗下品牌有Mark Alexander、Zinctextile、Villa Nova與Kirkby Design。自從1980年成立設計工作室以來，便致力於開發更多美麗布料，在圖案上力求生動與現代感。

主要產品／布料、壁紙
代表設計師／Romo設計團隊
www.romo.com

從大自然中獲取靈感的織品
Sanderson

Sanderson創立至今已有150年歷史，一直以來維持良好的聲譽。在這麼長的歲月裡，Sanderson設計的布料靈感主要來自於花園裡盛開的玫瑰，以及在花朵樹木之間飛舞的鳥兒與蜜蜂，還有路邊的野花野草。此外，Sanderson更是英國最早擁有現代設備的工廠，在大量生產的恩澤下，成功把過去只有少數富有階級才買得起的布料大眾化。

主要產品／壁紙、布料
代表設計師／Sanderson設計團隊
www.sanderson-uk.com

展現人間感性溫馨的織品
Charlene Mullen

以倫敦為據點的Charlene Mullen是織品&飾品的品牌，曾在Dolce & Gabbana、Karl Lagerfeld等時尚品牌工作的Charlene Mullen本人，2008年自己出來創業，產品特色是融合傳統技術與插畫，創造出獨特風格的刺繡織品。

主要產品／居家用品
代表設計師／Charlene Mullen
www.charlenemullen.com

時髦&自然圖案的饗宴
Scion

Scion在字典上的意思為「嫩枝」，其設計靈感來自中世紀建築樣式。主要生產電繡、印花、緹花與平紋布，特色為圖案流行時髦、顏色豐富，而且有許多熟悉的大自然與動物圖樣。

主要產品／布料、壁紙
代表設計師／Scion設計團隊
www.scion.uk.com

義式經典

義式居家風格往往被世人用獨創性、熱情還有工匠精神定義，
許多源於義大利當地的品牌一方面保持固有的傳統與特色，
一方面積極聘請許多國際知名設計師，不斷在設計上做創新。
除了在外觀上求新求變，更不惜花費多年精神研究技術，
讓產品在大量生產之際，依舊維持高品質水準，
所以義式居家才能不斷地進步、求新，擁有無限可能的潛力。

Design in
Italia

8位品牌專家口中的義式設計

Italian Spirit

傳統與現代的融合,加上優越的技術、對設計的熱情。
就是眾多國際品牌眼中最能代表義大利的設計價值。

「生活是日常所堆積起來的」
By Calligaris Alexandre Calligaris總裁

我們每天的食衣住行其實都與設計息息相關,所謂設計跟貧富、階層絲
毫沒有關係,而是我們日常之中所感受到的、經歷過的型態,就這樣的
觀點來看,的確跟Calligaris的哲學一脈相通。我們的目的,就是把義大
利設計完整帶入實際生活空間裡,在設計上充分反映實用性,以及使用

的便利性。Calligaris的設計總是無時無刻蕩漾著義大利香氣、披著義大利色彩,用顏色和素材演繹出自己的獨特魅力,創造出摩登、時尚的家具。不會利用設計師的知名度,毫無理由地提高產品售價,目標是透過這些設計家具,把設計師所要呈現的感性傳遞給更多人。小小的希望是除了義大利人之外,其他國家的人也可以藉由義大利設計的家具,把設計的感情與哲學帶入所有人的日常生活裡。

「大師與工匠的結合」
By Milano Design Village 品牌家具代理公司 安星弦經理

凸顯美感價值以及追求創新技術是設計師的任務,把這個藍圖用最美麗的型態表現出來則是工匠的責任。經驗老道的工匠們用心一點一滴完成製作,以手工打造出來的家具,是機械生產怎麼也模仿不來的,因為會散發一種獨特的魅力,這一點從Poltrona Frau的產品也能感受得到。Poltrona Frau的產品在正式進入製作階段之前的最重要工作就是挑選皮革,再以獨家技術讓皮革有多種色彩呈現,皮革的製程非常繁雜,是用

已有百年歷史的傳統手工方式製造。唯有在設計師與工匠的同心協力下，才能創造出品味獨特的家具。Cassina的家具也是，設計師充分發揮出來的藝術性與纖細感讓他們的家具受到矚目，甚至還放在紐約現代美術館和大都會藝術博物館展覽，在設計面擁有超高評價。從小木工坊起家的Cappellini，也因為發展出自有風格才能有今日的規模，最大特色就是可以讓不同本質的設計家具互相協調搭配不會感到違和。

「匠心靈魂與無止盡的創新」
By Nefs 家具設計公司　設計研究室李載旭經理

義大利工匠不管是在縫製肉眼看不到的一針一線，還是進行數千個雕刻作業時，都能付出同樣的心力在上面。他們貢獻出所有心血完成每一個小細節，才能成就一件偉大的作品。這些工匠親手打造的手工藝品除了完成度高，也極有收藏價值，在義大利，並非只有家具才能獲得「傑作」的頭銜。

Toncelli是義大利托斯卡尼的一個廚房家具品牌，這個品牌因應紀念創立五十週年而推出的櫥櫃產品「Progetto 50」，充分展現義大利的匠心，

用現代方法重新詮釋傳統的風格，就算搭配摩登裝潢也不會有違和感，被評為超水準的作品。Progetto 50的門非常薄，表面的粗磨光以手工完成，搭配上工匠們一針一線縫製出來的皮革，從嵌進2,700個木雕的馬賽克作品裡，就可以充分感受所謂「工匠魂」。

另一種可以看出工匠精神的是簡稱為Tarsia的Xilotarsia技法，是在處理

磁磚、木材裝飾框邊時會用到的一種鑲嵌技術，此技術源於十四世紀的托斯卡尼，也就是義大利品牌Florence與Toncelli的故鄉，特點為利用滾燙的沙子進行噴砂或用水煮木材，以增強顏色的豐富度以及陰影效果。

「與技術合作」
By Wellz 家具代理商　設計團隊羅宣份組長

義大利設計就是擁有獨特型態，並且努力不懈研究使用者的舒適度以及生活方式，開發出兼具美感與實用性的家具。義大利設計最好的例子就是成立於1987年的Edra。

Edra推出的Francesco Binfare Flap Sofa，擁有與眾不同的外觀，實屬義大利設計才有的特徵。把設計轉換成實際商品大致需要兩個要素，第

一就是技術，Flap Sofa為了跳脫一般大眾對沙發的概念，讓沙發擁有全新型態，把沙發設計成背可以做六段式調整的機制。其實有一項鮮為人知的事實，那就是義大利是機械設計水準領先世界的先進國家。很多人以為義大利的出口商品主要以時尚或設計商品為主，事實上機械類才是大宗，如果沒有了椅背的升降功能，那麼Flap Sofa也就不會存在了，優越的金屬技術是把義大利居家設計推向國際的重要功臣。第二是合作，Flap Sofa椅背的升降主要是靠笨重的機械運作，但為什麼整體看起來能夠那麼輕薄，主要歸功於義大利的溝通與合作能力，因為在研發過程中，需要跟無數廠商開會、檢討，不斷地進行研究與實驗，最後才能得到兩全其美的方法。不只是Edra，所有的義大利品牌都是透過完美的合作關係，才能生產出最高品質的產品。所以，技術與合作這兩個要素，正是讓義大利在家具產業中，能夠擁有強勁競爭力的主要因素。

「超越時代與國境，不畫地自限的開放思考」
By Infini 家具代理公司　金東開次長

我發現很多人會把「義大利設計」跟「義大利風格」搞混，與其說「義大利設計」反映出義大利的人文與嗜好特性，倒不如說是蘊含了義大利人長久以來對設計的本質意義所做的努力。當然在把設計產品化的時候，的確是存在所謂「義大利式的製造方式」，也就是說堅持每一個細節，力求完美的匠人精神。

在這一層意義之下，「B&B Italia」所要呈現的就是貨真價實的「義大利設計」。設計是不拘泥於特定的國籍與文化，像安東奧・奇特里奧（Antonio Citterio）、派翠卡・烏懷拉（Patricia Urquiola）、深澤直人、讓-馬利・馬索（Jean-Marie Massaud）、薩哈・哈帝（Zaha Hadid）這些當代設計大師，透過跟一流建築家的合作，讓世人見識到他們對待新生活的態度與要求產品化的卓越能力。「B&B Italia」在1989年成為世界第一個不以特定產品獲得金羅盤獎（Compasso d'Oro）的公司，因為他們永遠處在研究與開發的路上，把無數設計師與使用者的夢想轉移到現實生活中，「B&B Italia」讓世人見識貨真價實的「義大利設計」。

「以義大利人的方式融合、詮釋世界文化與設計」

By Alessi　品牌經理高殷舟

設計師的野心是用最有意思的方式把自己表現出來,消費者則是渴望設計感,設計產業的重責大任就是在設計師跟消費者之間搭起連接的橋梁。Alessi透過多樣、有巧思的泛世界性設計,帶來全新的趣味感,用品牌的語言詮釋各種文化,Alessandro Mendini設計大師在1979年到1983年之間,帶領包括麥可·葛瑞夫(Michael Graves)、亞德·羅西(Aldo Rossi)在內的當代十一名建築家一起完成「Tea and Coffee Piazza」主題創作便是最佳典範。Alessi每年都會舉辦兩次新品展,數量多達100件以上,這些作品都是跟各領域的菁英設計師一起開發、歷時二到三年才完成,參與的設計師多達200位,而且分別隸屬於不同國家。為了創作出最吸引人的設計作品,追求以人為本的設計,過程或許很辛苦,但Alessi仍會繼續嘗試創新與挑戰,並且堅持到底。

「設計與全方位商業要素相連接」

By Armani Casa　金映珠店長

對鍾情自己國家設計的義大利人來說,設計並不只於設計,而是跟全方位的商業要素連接,讓設計的價值持續傳承下去。喬治·亞曼尼(Giorgio Armani)透過設計表達自己的世界,他最厲害的本事就是把自己的一套哲學放進設計裡,昇華成一件作品。

義大利設計之所以可以在國際間持續受到喜愛,主要是因為他們把所有義大利元素全部商業化的關係,Armani

Casa在這一點上也是一樣。穆拉諾玻璃出自於威尼斯玻璃工藝師傅之手,而設計師喬治·亞曼尼(Giorgio Armani)會把這些美麗的石頭巧妙地運用到Armani Casa產品上,每年都能推出不同設計的作品。或者是也會用一些義大利歷史人物或地名來為家具、裝飾品命名,使人在見到作品的時候,自然而然聯想起背後的故事,就像跟義大利歷史面對面接觸一樣。

「是創意性與藝術性」
By The Place家具代理店　崔志娜次長

義大利品牌家具的共通點就是充滿巧思,接近藝術品的家具能夠帶給人們感動,從Meritalia就能窺知一二。Meritalia的歷史並不是很長,成立於1987年的Meritalia,強調前衛、古典的風格,又兼具良好的機能性,所以很快就在眾義大利家具品牌中佔得一席地位,創辦人Julio Enrico Meroni曾強調:「唯有在一流的品質與設計師的創意、技術、經驗、才華融為一體時,才能創造出最棒的產品。」汲汲於最上乘材料的使用與人才的延攬,Meritalia成功讓世人見識到與眾不同、有創意的設計,品牌形象與定位也越來越穩固。

義大利設計師百年史 1891～1976

Designers

義大利生活設計的發展背後，有一群熱情、有實驗精神的設計師，
接下來介紹義大利設計界的諸位指標設計師，
從弗蘭克‧阿爾比尼（Franco Albini）
到盧卡‧尼奇托（Luca Nichetto）等等。

Gio Ponti 1891~1979

1

吉奧‧蓬蒂

為建築家、工業設計師、家具設計師、藝術家與編輯。深受1922年的新古典主義影響，1950年他設計的32層樓高的倍耐力塔（Pirelli Tower）受到各界矚目，之後陸續接到來自委內瑞拉、巴格達、香港、恩荷芬等國際大城的設計邀約。吉奧‧蓬蒂（Gio Ponti）是在1923年正式投入設計師行列，合作的對象有生產陶瓷的Richard Ginori公司以及Sesto Fiorentino等，為Cassina、Venini、Artemide、Fontana Arte等品牌設計過家具、燈具。1928年創辦了《Domus》與《風格》兩本裝潢建築雜誌，在他過世之前，一直是《Domus》的編輯。

超輕椅（Super leggera Chair）是吉奧‧蓬蒂在1957年為Cassina設計的作品，設計重點正是椅子的重量。

Carlo Mollino 1905~1973

2

卡羅‧莫里諾

為建築家與設計師，堪稱義大利設計史上的怪咖，因為他的嗜好非常多，像是拍照、流行、電影、咒術、滑雪、賽車等等。他討厭上學，深受芬蘭的設計師、建築家阿爾瓦爾‧阿爾托與德國表現主義建築的代表人物埃瑞許‧孟德爾松影響。他設計的建築、家具有一種魔力，據說能夠轉變人的心情，其經典建築之作是與維多利奧‧寶迪‧塞維爾（Vittorio Baudi di Selve）一起合作，結合體育及社會活動的綜合建築「都靈中心」（Societa lppica Torinese）。他留給世人緬懷的除了桌子、沙發、餐具系列以外，還有許多書籍、定期刊物、照片、畫畫與素描。

上圖的Coffee Table in Curved Plywood是卡羅‧莫里諾1950年的作品，使用實木彎曲的技術。為蘇黎世重量級藝術品經銷商布魯諾畢修伯格（Bruno Bischofberger）的蒐藏品之一。

Franco Albini 1905~1977

3

弗蘭克‧阿爾比尼

建築家、設計師與新合理主義者。1933年與1936年的時候，因為在米蘭三年展（Triennale di Milano）參展而逐漸受到矚目，他比較有興趣的領域是設置與室內裝潢。弗蘭克‧阿爾比尼在現代家具設計上也有留下功績，那就是以便宜的材料，加上義大利工藝技巧製作而成的作品，像是Margherita Chair、Gala Chair、Fiorenza Chair、Rocking Chaise、帆船造型的書櫃（Veliero）等等。曾為Cassina、Arflex、Arteluce、Brionvega、Poggi操刀設計過，1945的時候在義大利雜誌《CASA BELLA》當過兩年的編輯。

1939年為Arflex設計的Fiorenza Chair，跟Veliero書櫃同屬弗蘭克‧阿爾比尼經典之作。

網址／www.fondazionefrancoalbini.com

Bruno Munari 1907~1998

4

布魯諾‧穆納里

為世紀藝術家、設計師，是主宰二十世紀五十多年的設計界靈魂人物，除了在繪畫、雕刻、電影、工業設計、平面設計以外，甚至是文學領域都有傑出表現，他在1938年以前一直是位平面設計師，六年間都在《Mondadori》、《Tempo》當平面設計師與藝術總監，期間他為兒子阿爾貝托（Alberto）製作的書後來被出版為童書。代表作品有猴子娃娃zizi、Falkland Lamp、Singer Chair等，也曾與Danese、Zanotta合作家具與燈具設計，並留下諸如《Le Forchette di Munari》膾炙人口的繪本。

網址／www.munart.org

1964年為Danese設計的Falkland Lamp外觀非常奇特，包覆在外圍的是彈性布料。

Ettore Sottsass 1917~2007

5

艾托雷‧索特薩斯

大眾熟悉的設計師之一，也是以色彩繽紛、造型獨特的商品著稱的Memphis（曾經以後現代主義作品為主的設計集團）創辦人。他以建築家、設計師的身分在二十世紀末期設計過家具、寶石、玻璃、燈具、事務機等等，雖然出生於奧地利因斯布魯克，不過自小就跟隨建築家父親一起到米蘭。他設計過的知名作品除了Valentine Typewriter以及早期蘋果電腦的滑鼠之外，還有為Memphis設計的家具，與波特羅諾瓦（Poltronova）、Knoll、Serafino Zani、Alessi都曾經合作過。雖然他離開已久，倫敦跟米蘭仍設有索特薩斯協會，不定期舉辦緬懷艾托雷‧索特薩斯的哲學文化與作品的活動與展覽。

網址／www.sottsass.it

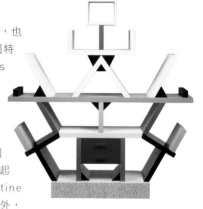

誕生於1981年，象徵Memphis的經典之作，造型非常特殊的書櫃設計Carlton。材質為色彩鮮麗的層壓板，經由Memphis Itali亮相。

6

阿奇萊·卡斯楚尼

工業設計師與建築家，
也是義大利工業設計協
會ADI的創辦人之一，
更是李維·卡斯楚尼
（Livio Castiglioni）與
皮埃爾·加科莫·卡斯楚尼（Pier Giacomo
Castiglioni）的弟弟，三兄弟經常被外界稱
為「卡斯楚尼兄弟」，在業界非常活躍。他
在都市設計、建築、展覽、商業設計方面都
留下大作，其作品風格為使用最少的材料創
造最大的效果，因此有許多簡單、線條俐落
的作品。代表作品有大拱門造型的燈具Arco
Lamp與造型相當獨特的單腳椅子Mezzadro
Stool，曾為Poltrona Frau、Zanotta、
Flos等品牌設計過燈具與家具。

長2.2公尺、高2.3公尺的
Arco Lamp是以鋁和大理石
做成的，完成於1962年，是
Flos的產品。

7

維克·馬吉斯徹提

1945年於米蘭理工大學
畢業，第二次世界大戰
後，義大利政府忙於重建
國家事業，維克這時候
以建築家的身分活動，是
活躍於早期設計產業舞台的主角之一。著名
的Vidun Table和Nuvola Rossa Designer
Wooden Shelf都是他的作品，前者可以靠
一顆大螺絲調整高度，後者則是Cassina依
然大受歡迎的經典商品。喜愛概念設計的
他，留下許多設計素描圖，他覺得身為設計
師想法清晰與研究新材質很重要，另一方面
他也很重視量產家具與燈具的設計，曾經
合作過的品牌有Artemide、Cassina、De
Padova、Flow、Fritz Hansen與Kartell。

網址／www.vicomagistretti.it

1966年的作品，有白色、
橘色、銀色三種顏色的燈具
Eclisse Table Lamp。只要轉
動裡面半球型的燈罩，就可以
調整照明方向與光線明暗。

8

喬‧科倫布

出身米蘭的建築家、設計師，
對於藝術、科學、技術、方法
論進行過深度實驗的人物，在
學校學的是美術（Fine Art）
與建築。從1951年起，約有
四年的時間以抽象畫家與雕刻家的身分活躍於業
界，1962年成立自己的裝潢設計與建築公司，
自此開始有作品示人，較為知名的有專為狹小空
間設計的生態機器系統T14 System、系統家具
Total Furniture Unit、多功能家具等，特別是單
以一項家具就能完美呈現廚房的Mini-Kitchen，
誕生至今雖然已有五十個年頭，依然驚豔世
人，跟許多義大利品牌像是O-Luce、Kartell、
B-Line、Alessi、Boffi都有過合作關係，可惜的
是他在迎接第四十歲生日那天辭世。

網址／www.joecolombo.com

誕生於1970年的Boby
Trolley Storage Unit。有
橘色、紅色、藍色可以選
擇，同時具有抽屜、桌子、
收納櫃等功能。

9

馬可‧扎納索

對現代主義有貢獻的都市計畫
設計師與產業設計師，從手工
藝方式轉換為產業化製造的這
段時期，馬可推動了材料與技
術的革新，1947～1949年擔
任雜誌《Domus》編輯的工作，往後有三十年
的時間一直在米蘭理工大學（The Politecnico di
Milano）任教。1957年更與德國設計師李查‧
沙伯（Richard Sapper）成為合作伙伴，作品
包括專為小朋友設計的塑膠椅，以及被定義為
「科技機能主義」的收音機、電視、電話機等
等，家具類則有Lady Armchair、Martingala
與Tripoltrona，與其合作過的品牌有Arflex、
Gavina、Alfa Romeo、Brionvega與Kartell等。

充滿1950年代風格的Lady
Chair，誕生於1951年，為金
屬椅腳搭配布料的作品。

10

西尼・博爾里

若要票選出擅於表達質感與感覺的設計師，西尼・博爾里絕對榜上有名，身為建築家、設計師的她從1964年開設自己的工作室後，就一直專心在設計房子與裝潢上。西尼對於用橡膠、聚氨酯與塑膠等材質製作古典風格的家具顯得非常有天分，代表作品有能夠無限擴張的Serpentine Sofa、材質特有的光澤與皺摺極具魅力的Strips Sofa，以及完全沒有累贅設計、看起來像一體成型的Ghost Chair等。她從1960年代後半到1970年代追求慵懶、自由的生活風格。曾經合作過的品牌有Arflex、Fiam Italia、Knoll、Gavina與Magis。

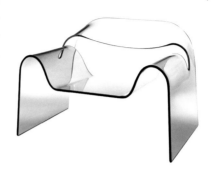

羅浮宮與康寧玻璃博物館內蒐藏的Ghost Chair，為完全沒有接縫的椅子，是Fiam Italia在1987年發表的作品。

11

亞力山卓・麥狄尼

正是著名的人形開瓶器以及巧妙運用點描法裝飾Proust Chair的設計師，身兼建築家、編輯的亞力山卓・麥狄尼，是一位對義大利設計發達有莫大貢獻的人物。由他所設計的平面、家具、裝潢、繪畫、建築物，可以得知對異國文化與各種表現手法的高度興趣，讓我們見識到他獨特的設計語言。他的設計作品非常多樣，生活風格用品類有家具、各式廚房物品、珠寶；建築類有阿列西住宅（the Alessi residence）、表演中心、廣島紀念塔等。合作過的國際品牌有菲力普、施華洛世奇、Bisazza、Alessi。

網址／www.ateliermendini.it

從最早運用點描法裝飾，到後來用幾何學圖案裝飾，顏色有橘有綠，變化萬千的椅子。Proust Chair初版作品誕生於1978年，由Magis發表亮相。

12

恩佐・馬利

不需要花太多言語介紹
的知名義大利藝術家，
早期比較熱中於視覺藝術
活動，後來開始投入設計
小朋友的遊戲、平面、物
品以及建築的工作。從1976年起曾擔任四
年的工業設計協會會長，2001出版的著作
《企劃與熱情（Progetto e passione）》
分析與廣泛文化範疇相關的深度設計，書本
一上市便受到各界矚目。代表作品有用16個
動物木片疊成一棵樹的玩具「16 Animals
Construction Toy」以及「Timor Perpetual
Calendar」，合作過的品牌有Zanotta、
Alessi、Danese、Castelli、Artemide、
Driade、Gabbianelli、Interflex、Magis等。

1967年由Danese發表的Timor
Perpetual Calendar，為古典日曆
代名詞，只要轉動分離式的數字與
英文字卡即可開始使用。

13

馬利歐・貝里尼

貝里尼出道後的二十年間，在國際
上累積了許多聲望，1987年的時
候在紐約現代美術館舉辦了個人
展。他曾為Olivetti設計過商品、
為B&B Italia設計過家具，也為
Cassina設計過椅子CAP 412，充分展現出貝里尼的才
華。他的設計領域非常廣泛，從電視、計算機這類的
電子產品到電子琴、家具、燈具都難不倒他，跟國際
知名品牌Cassina、B&B Italia、Kartell、Driade、
Castiglia、Flow、Natuzzi、Poltrona Frau、Lami、
Rosenthal、Fuji都持續有合作關係，建築方面也有
30～35件的作品，包括佔地廣達1,500平方公尺的
MBA總部。貝里尼目前在業界依然非常活躍。

網址／www.bellini.it

1977年為Cassina設計的
商品。鋼架搭配皮革的椅
子CAP 412，外型簡單大
方，有紅色、咖啡色、象
牙色、自然色。

安德里亞‧布蘭茲

佛羅倫斯出生的建築家與設計師，主要在米蘭活動，對工業設計、建築、都市計畫等都有高度興趣，目前則是在米蘭理工大學執教。為Archizoom Associati創辦人之一，是工業與實驗設計的先驅，在國際上擁有極高的知名度，出版過多本設計書籍，跟義大利建築&設計雜誌《Interni》、《Domus》、《CASA BELLA》有合作關係，1983～1987年間擔任《MODU》的編輯，1983年多莫斯設計學院成立，安德里亞‧布蘭茲也是創辦人之一。與其合作過的品牌有Alessi、Cassina等。

網址／www.andreabranzi.it

1993年為Cassina設計的椅子Revers Chair，椅背和扶手一體成型，線條非常優雅。材質為膠合板和鋁。

阿伯托‧梅達

主修機械工程，1973年起擔任Kartell的技術經理，之後開始設計家具與塑膠產品。1979年開始當自由設計師，與許多國際知名品牌Alessi、Arabia Finland、Colombo Design、Ideal Standard、Lucepaln、Mandarina Duck、飛利浦有過合作關係，阿伯托‧梅達本身技術底子很好，以自身經驗加上獨特的審美觀，為世人帶來許多經典作品，例如2001年與Kartell合作的Upper Folding、2000年為Alessi設計的Kalura Electric Hot-Plate，以及2005年設計的板凳Setes等，2006年還出版書籍《詩情畫意的工程》。

網址／www.albertomeda.com

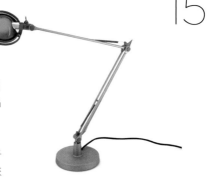

1985年由Luceplan負責生產的Berenice燈具，體積雖小但是燈蓋顏色給人非常強烈的印象，有桌燈與落地燈兩種形式，是跟另一名設計師Paolo Rizzatto共同設計。

Antonio Citterio 1950~

16

安東尼奧‧奇特里奧

在建築、工業領域佔有一席之地的設計師,曾與寶拉‧納弗內(Paola Navone)一起工作到1981年,1987~1996年與泰瑞‧德萬(Terry Dwan)為事業伙伴關係,1999年設立Antonio Citterio and Partners。安東尼奧是典型的極簡主義者,非常重視簡單的線條,代表作有與Flos合作設計的Lastra Lamp、1991年由Kartell推出的Trolley Table、2001年與B&B Italia一起發表的George Sofa等等。他在建築、裝潢上都有亮眼的成績單,同時跟國際品牌愛馬仕、Flexform、Flos、Vitra、B&B Italia都有合作關係。

網址／www.antoniocitterioandpartners.it

2011年在米蘭家具博覽會上亮相,愛馬仕的Matières Collection。

17

寶拉‧納弗內

在許多領域都有亮眼
表現的義大利女設計
師，1970～1980年
間，與亞力山卓‧麥
狄尼（Alessandro
Mendini）、艾托雷‧索特薩斯（Ettore
Sottsass）、安德里亞‧布蘭茲（Andrea
Branzi）一起在Alchimia group工作，她
是建築、商品設計師、藝術總監也是裝潢設
計師，對東西方文化非常感興趣，從她的作
品中不難發現融合東方色彩與西方型態的風
格，充滿了濃厚的傳統氣息。與眾多國際知
名品牌像Armani Casa、Knoll、Rando、
Alessi、Driade、Piazza Sempione、
Casamilano等都有合作關係。

網址／www.paolanavone.it

2011年Poltrona Frau亮相的
Ghost Field沙發，將沙發內部構
造一覽無遺的呈現出來。

18

盧卡‧尼奇托

來自義大利威尼斯的工業設計
師，1999年與Salviati合作設
計穆拉諾玻璃後，陸陸續續
有作品推出，除了設計，也
從事開發顧問的工作，進行
新材料與新產品的研發。2006年以自己的名字
開設了Nichetto & Partners設計代理公司，自
此正式投入設計顧問與工業設計的工作，跟義大
利、美國、歐洲、日本都有合作關係。因為作品
獲得iF、Good Design等國際獎項的青睞，成為
義大利各界矚目的焦點，與知名品牌Moroso、
Venini、Foscarini、Kristalia等有合作關係。

網址／www.lucanichetto.com

2010年經由Venini亮相的花瓶
Arillo，其特色就是看起來像一
件雕刻品。

12個誕生於義大利的生活與設計品牌

Born in Italia

另闢新蹊徑的義大利設計，是長久累積傳統與熱情的產物，
接下來介紹在義大利當地由小企業發展而成的世界知名品牌。

堅持做到最好的義大利皇室家具
Poltrona Frau

如果沒有了Poltrona Frau，那義大利的家具設計史恐怕會遜色不少。創立於1912年的Poltrona Frau在早期是義大利杜林地區專門從事生產優質皮革家具的工廠，因為品質非常優秀、贏得了廣大口碑，後來被欽定為皇室御用家具商。所設立

的R&D中心，除了致力於保留義大利的工匠技術，另一方面也進行新材料與新技術的開發，極度重視義大利式設計的Poltrona Frau，招牌本身已經是一種榮譽的象徵。Poltrona Frau網羅各國才華洋溢的設計師，為許多國家的劇場、精品店設計搭配的家具。用在家具上的皮革顏色繽紛，以超過100年的傳統技術純手工製作而成，是外界用機器生產怎麼也模仿不來的質感，呈現出非常扎實的手感工藝。

主要產品／沙發、椅子、床
代表設計師／Jean Marie Massaud、
Paola Navone、Benjamin Hubert
www.poltronafrau.it

古典中的摩登&當代主義
Minotti

若把Minotti榨乾，會只剩下「Classic Today, Classic Tomorrow.」這句話。身為義大利摩登家具品牌，不喜歡箱子型態、重複無意義線條以及看起來輕盈的摩登感，而是追求古典的厚重與穩

定感,即使經過時間的流逝,也不會改變其價值。不拘泥於任何的材料與顏色,擦掉家具與時尚之間的界線,打造出摩登&當代主義的設計,當然也會考量機能性,使用各種密度的聚氨酯,讓使用者在坐下去的時候,立刻接收到舒服質感。雖然每年都會發表新的系列產品,不過材料的選用與細節的講究從不馬虎,這一方面主要是受Minotti首席設計師羅多夫·多多尼(Rodolfo Dordoni)的影響。羅多夫·多多尼跟香奈兒的卡爾·拉格斐(Karl Lagerfeld)一樣,講求家具產業界少見的首席藝術總監體制,追求貫徹品牌特性的他,從1998年到現在一直影響著Minotti的設計哲學。

主要產品/沙發、椅子、床、寢具
代表設計師/Rodolfo Dordoni
www.minotti.com

自由素材塑造的藝術作品
Zanotta

義大利在第二次世界大戰戰敗後,

便開始面臨一連串的混亂時期,奧雷里歐·札諾(Aurelio Zanotta)在這個時候深深覺悟到設計的重要性,因此他投入了相當大的努力,這些努力正是使他發展成產業設計家具的推手,至於能夠擴展為國際品牌的成功祕訣,奧雷里歐·札諾認為最大的主因在於透過與知名設計師的合作,開發出具有強烈品牌色彩的產品。旗下商品種類繁多,Zanotta懂得利用各種素材如木材、合金、鐵、不鏽鋼、塑膠、水晶、纖維、皮革等,製造出扶手椅、沙發、寢具、家具、桌子甚至是飾品等等,讓設計充滿無限可能。1989年透過Zanotta Edizioni系列,開始

製造許多設計風格自由的藝術品。
更多Zanotta充滿藝術氣息的作品，
被蒐藏在紐約現代藝術博物館、大
都會博物館、巴黎龐畢度中心以及
倫敦設計博物館裡。

主要產品／扶手椅、桌子、床
代表設計師／Joe Colombo、Achille
Castiglioni、Superstudio
www.zanotta.it

全世界最舒服的沙發
Flex Form

Flex Form把研究的重點著重在
「坐」這個動作上，再依照人體工
學設計出機能完美而且兼具美觀的
沙發，Flex Form是Flexible Form
的簡寫，希望使用者坐在沙發上
時，能夠有一種幸福舒適的感覺。
經營理念就是堅持做好每一個細
節，即使肉眼看不到的部分也堅持
使用優質的材料、以傳統方式製作

而成。Flex Form的設計和品質深獲
全球40幾個國家肯定，這都要歸功
於世界三大家具設計師之一、擔任
Flex Form首席設計師的安東奧·奇
特里奧（Antonio Citterio）三十多
年來的用心與努力。安東奧·奇特
里奧對於機能和設計可說是一絲不
苟，利用電腦裁切的零誤差方式製
造出超完美沙發。

主要產品／沙發、桌子
代表設計師／Antonio Citterio
www.flexform.it

義大利設計系列
B&B Italia

B&B Italia長久以來致力於保持義大
利的傳統，堅持使用最好的材料，
搭配最有特色的設計，於是創造出
極具蒐藏價值的家具。自1966年
設立以來，就是摩登古典家具的代
名詞，引領著義大利現代家具的走
向。曾經獲得金羅盤獎（Compasso
d'Oro）四次大獎，由此可知影響力
之大。B&B Italia主要經營以下幾
種商品類型，第一種是Maxalto，
囊括了B&B以及Antonio Citterio所
設計簡約且舒適的家具；第二種為
Outdoor Collection，適合各種天
氣、耐用的室外家具；第三種則是
專為辦公室、餐廳、精品店、博物
館服務的Project Collection。B&B

Italia更以綿密的物流網自豪,全球
60幾個國家中,共有700多個賣場。

主要產品/沙發、椅子、床、桌子、組合
櫃、室外家具
代表設計師/Antonio Citterio、Patricia
Urquiola、深澤直人
www.bebitalia.it

追求創新的設計實驗室
Bonaldo

身為義大利家具表徵的Bonaldo,
其設計哲學就是希望能為使用者每
天帶來不同感受。1936年利用金
屬材質做成的游泳圈造型桌,充分
見識到他們的實驗精神,Bonaldo
喜歡在材質上搞創新,像是鋁擠成
型、以低溫加工的聚氨酯與丙烯等
等,Bonaldo製造的床、沙發、桌
子、椅子全部很義式,因為他們追
求的正是摩登洗鍊的設計、色彩豐
富、機能兼具的現代家具,加上與
國際知名的設計師榮‧亞德(Ron

Arad)、卡姆‧拉旭德(Karim
Rashid)、喜多俊之的合作,創造
出更多獨特的家具。

主要產品/裝飾家具、椅子、桌子
代表設計師/Matthias Demacker、Ron
Arad、Karim Rashid
www.bonaldo.it

能夠感受世界的義大利設計
Calligaris

Calligaris集團是安東尼奧‧卡利
加里斯(Antonio Calligaris)於
1923年創立,起先只是一家小規模
的家族企業,專事生產原木家具,
後來因為經營有道,遂發展成現在
的規模,目前在全球90幾個國家設
有店面,是名符其實的國際品牌,
Calligaris以「今日的家,還有過今
日生活的人」為出發點,繼續傳承
匠人精神、品質與設計哲學。所有
產品皆為設計家具,價格合理而且
非常實用,如同所有的義大利品牌

一樣，都是透過機能與色彩來強調自身的特色。從成立至今秉持一貫的匠人精神與自負，對家具的品質採取嚴格把關政策，在全球各地看到的Calligaris產品，絕對都是在義大利當地製造生產的。

主要產品／家具、裝飾品、布料
代表設計師／Calligaris設計團隊
www.calligaris.it

利用設計創新機能
Artemide

知名度高居世界第一的燈具品牌Artemide創立於1959年，至今已有超過50年的歷史，以創意加技術為優勢，推出眾多優秀商品，一直以來深受顧客喜愛與肯定。Artemide銷售長紅的商品相當多，能夠獲頒金羅盤獎也是其來有自，除了設計、品質面具有優越水準以外，更重要的是Artemide懂得納入賢才，與才華洋溢的設計師一起合作，才

能交出如此亮麗的成績單。1972年李查·沙伯（Richard Sapper）設計的「Tizio」燈具為最佳代表作之一，率先使用以往只會用於汽車的鹵素燈，電線也完美地藏在燈具裡，如此巧思很難不受到矚目。Tizio的推出引起了一陣追隨風潮，Tolomeo系列就是這股風潮中的產物，頗有「一燈之下，萬燈之上」的氣勢。

主要產品／各種燈具
代表設計師／Richard Sapper、Vico Magistretti
www.artemide.it

獨具匠心的義式廚房
Toncelli

Toncelli是費爾南多·托切利（Fernando Toncelli）在1961年於義大利文藝復興中心地托斯卡尼創立的廚房家具公司，現在由第二代羅倫索·托切利（Lorenzo

充滿感性設計的廚房家具
Euromobil

Euromobil自1972年成立以來，就專事義大利廚房家具的生產，在歐洲各國擁有良好的聲譽，對於產品的設計與品質都有高水準的表現，所有家具也都堅持在義大利本地工廠製造。追求簡約的設計風格，不論在哪個時候都有嶄新的感覺，而且能夠歷久彌新，不會因為歲月的流逝而使人產生嫌膩感。Euromobil目前開發出500多種款式的門以及90多種櫃身，只要稍做組合，就能變化出1,000種以上的廚房風格，所有產品使用的生態板（eco panel），都符合日本工業最高等級規格，對於實踐環保不遺餘力。Euromobil會捐出一部分的收入贊助藝術與運動，同時也是巴黎羅浮宮、奧賽博物館、紐約現代美術館（MoMA）舉辦展覽的主要贊助商。

主要產品／廚房家具
代表設計師／Euromobil設計團隊
www.gruppoeuromobil.com

Toncelli）負責經營。托斯卡尼和比薩、佛羅倫斯同為文藝復興中心地，這三個地方的人對於發揚故鄉獨創文化的野心很大，Toncelli也如實把托斯卡尼的文化反映在設計上，其設計的特點就是把義大利的古典和現代氣息融為一體。Toncelli之所以聲名遠播，絕對不是出於偶然，對小細節要求之講究，就連一根小小的螺絲也不放過，充分考量人體工學以及使用者的生活風格，就算是一件小物品也提供客製化服務。Toncelli的企業哲學是「左右競爭力的並不是材料，而是從小細節延伸出來的關心。」這句話充分顯示出匠人精神的所在。Toncelli使用的所有材料皆有通過托斯卡尼地區的環保認證制度「Green Home Project」，對於製作環保家具可說是不遺餘力。

主要產品／廚房家具
代表設計師／Toncelli設計團隊
www.toncelli.it

未來設計的無限可能
Flos

創立於1962年的Flos是義大利燈具的經典品牌，代表作有阿奇萊・卡斯楚尼（Achille Castiglioni）設計的「Arco」，與皮埃爾・加科莫・卡斯楚尼（Pier Giacomo Castiglioni）設計的「Taccia」，到現在依然廣受喜愛，是目前還在生產的燈具。其中的Taccia更是經典中的經典，榮登Taschen的著書《燈具1000（Light1000）》的封面主角，但Flos並不滿足於過去的豐功偉業，不斷求新求變，與菲利普・斯塔克・賈斯珀・莫里森（Jasper Morrison）、安東奧・奇特里奧（Antonio Citterio）、康斯坦丁・葛契奇（Konstantin Grcic）等在全球展露頭角的設計師，一起合作設計出更多風格的燈具。Flos並不只是盲目追求引人注目的燈具外型，最近發表的「Cubo」除了可以搭配

各種空間，調整明暗的方式也變得更簡單，產品的實力再度進化。

主要產品／各式燈具
代表設計師／Achille Castiglioni、Pier Giacomo Castiglioni
www.flos.com

純手工打造的精品家具
Marchetti

Marchetti是義大利家具品牌，對設計懷抱熱情而且對木材別有一番見解，努力堅守工匠世家的自尊心。這裡的家具從開始到結束，都是師傅們以傳統手工方式完成的，經驗老道的木工師傅們熟練地進行裁切，木頭上面的花紋都是手工一個個雕上去，工廠裡師傅們工作的身影，讓人有一種回到過去的錯覺，手工製作的家具能夠將復古的感覺發揮到最大，這便是Marchetti一直堅持以手工打造的理由之一，更主張透過機器做出來的復古感家具是看不到匠心精髓的。創辦人馬捷迪（Marchetti）的女兒喬丹娜・馬捷迪（Giordana Marchetti）以家族代代相傳下來經驗與技術，開發出經典又摩登的家具，深受品味人士喜愛，歐洲許多大富豪與上流階級也都是Marchetti的主要顧客。

主要產品／桌子、餐桌、辦公家具
代表設計師／Giordana Marchetti
www.marchetti.com

德國工藝

德國的設計特點就是簡約與明確，

從簡約的設計中，追求最趨完備的機能性。

重視的不是一剎那的流行，而是不因歲月變化的信賴感，

希望設計能夠為人帶來心靈安樂，而不光只是注重吸引目光的華麗外表。

選擇用最簡單的方式具體呈現，注入不斷的努力與研究，

懂得在藝術與工藝之間找到平衡感，

接下來介紹工藝大國德國的生活與設計故事。

German
Power

講究機能性與美觀的
生活美學

德國的生活風格，蘊含了觀察家的凝視與哲學家的思索。
研究與探討，為的是讓簡約俐落的設計，也能兼具完備的機能性，
德國的生活設計是有深度的，是生活裡的藝術。

01

簡單但是富多樣性的德國設計

現代人老早就煩膩於華麗又複雜的東西，很久以前開始回歸基本（Basic）與簡單（Simple），設計也是一樣。去掉所有的裝飾要素，把重心放在提高生活機能上，讓工匠精神發揮到淋漓盡致。德國的生活之所以如此受到矚目，主要歸功於跨越時空的永恆設計與趨近完美的機能性，講究舒適而且可以永久發揮設計本身的價值。有別於國內家具業者極力推銷歐洲其他以家具、燈具為主的品牌，德國品牌最大的特徵，就是設計的中心永遠以生活為主。Cor、Moormann、Interlübke、Kaiser、Miele、Rosenthal、WMF、Fisséler、Henckel、Bosch、Braun、Montblanc、Leica、Rimowa、VolksWagen……以上的家具、浴室、家電、餐具、手錶與汽車品牌，每個人或多或少都曾接觸過，這些正是來自德國的科技與品牌。比起每一季就要汰舊的衣服，人們現在

01、02 設計之都柏林的都市風景。從照片中的建築物、字體排印就能看出簡約、沒有一絲累贅的德國設計精神。
03 由克里斯汀·戴爾（Christian Dell）設計的Kaiser Idell燈具，被譽為超越時空名作。

更重視的是默默發揮力量的生活用品，德國設計與現代人的生活越發形影不離，所佔的地位越來越重要。

環境與工藝大師，培育生活設計

德國北部鄰北海，四周被荷蘭、比利時、法國、瑞士、奧地利、傑克、波蘭等國圍繞，若從北海繼續往北走，就是北歐半島，面積有35萬6,885平方公里，是韓國半島（包括南北韓）的1.5倍。春天晚到、夏天短而且天氣多變化，冬天則非常酷寒，是一個跟好天氣沒什麼緣分的國家。收藏家薩博（Sabo）曾說過：「如果德國是一個陽光和煦、天氣溫暖

01

02

03

01 擁有擴大收納功能的極簡家具系統。以
　　Bulthaup產品布置的廚房。
02 描繪純樸農家生活的Villeroy&Boch盤子。
03 Ingo Maurer發揮豐富想像力，為燈泡裝
　　上了翅膀，這個燈具的名字是Lucellino。

的國家，或許就不會花心力去思考與研究技術，也就不會成就出工匠（Meister）精神。」倘若德國人滿足於溫暖的陽光與海邊，那麼生活風格應該會比較接近義大利的華麗感，而不是類似北歐風格的簡約。

德國的環境雖然貧瘠，卻是人才濟濟，對工匠師傅們專注、投入的精神格外尊重佩服，所以有很多品牌的名稱都是取自偉大工匠的名字，像1819年誕生的Thonet或始於1892年的Poggenpohl都是，而在現代這樣的情況已經很少見了。以往德國人的名字往往透露著自己的職業，代表一種生涯里程碑，「Müller」這個名字是指製作粉類的公司；「Wassermann」是指賣水的人；「Eisen」是鐵的意思；「Vogel」則是代表自然。

不論是音樂、美術、藝術或哲學方面，跟外在比起來，德國人更重視精神內涵以及理論，因此實用、合理的生活風格，便是非常理所當然的事。只選擇最少、最實用的生活習慣，造就了「樸素德國人」的印象。舉例來說，當德國人要買鞋時，會出動整家人一起去鞋店，一一向家庭成員詢問意見，加上自己的想法後，才會把鞋子買下來；去跳蚤市場時，會特別鍾愛背後有一段歷史或故事的物品。

機能與美觀的終結者，包豪斯（Bauhaus）

德國設計的摘要，就是簡單、美麗而且實用。包豪斯，是建築家沃爾特・格羅皮烏斯（Walter Gropius）創辦的學校名稱，代表著現代設計運動的哲學醍理，Bauhaus的意思是指「建造房子」，透露出想要把藝術、工藝、工業一統為一的企圖，有許許多多的建築家、紡織品設計師、平面設計師等等，像是我們熟知的純粹美術家皮耶・蒙德里安（Piet Mondrian）與瓦西里・康定斯基（Wassily Kandinsky）們，都曾經擔任過包豪斯的師傅（當時包豪斯是用師傅代替教授的稱呼），正因為如此，家具才能擁有更深一層的價值，讓生活與藝術意義的性質結合在一起，繼而發展出藝術生活。

包豪斯風格就是合理主義和機能主義的集合，對現代建築與設計，還有裝潢、工業設計、藝術等領域影響皆大。當代的包豪斯作品特色除了木材與皮革的使用外，因為德國鋼鐵產業發達，所以也使用了鋼鐵。有許多偉大名作往往讓人驚歎，像是Kaiser Idell的燈具與Hans Gugelot的系統家具，使人不禁佩服這些設計師在當時的技術下是怎麼辦到的。

一件設計作品，若能經過數十載依舊保有美麗的外觀與不變的機能，是相當令人敬佩的成就。包豪斯的興盛時期雖然介於1920～1960年代之間，不過綜觀所有來自德國的品牌，都能看到包豪斯設計的影子，為了躲避納粹逃往芝加哥的沃爾特‧格羅佩斯（Walter Adolph Georg Gropius）與路德維希‧密斯‧凡德羅（Ludwig Mies Van Der Rohe）在美國期間也替傳播包豪斯文化貢獻了一份心力。

廚房，機能性之集大成

德國擁有許多享譽全球的廚房系統設備品牌，像是Poggenpohl、Leicht、Alno、Nobilia、Siematic、Bulthaup，知名的廚房與餐具品牌有WMF、Fissler、Henckel、Rosenthal、Meissen、ASA Selection，廚房家電品牌則有Miele、Siemens、Kuppersbusch等等。德國的廚房設備、用品品牌之所以如此受到矚目，主要是因為重視工藝精神、功能以及效率的關係，而廚房又是格外重視機能與效率的空間，要使用到火、水和電，需具備收納功能，動線規劃不能馬虎，加上使用者停留在廚房的時間長，所以在外觀上也得講究，而德國正是建立系統家具的始祖，第一套現代化標準廚房正是法蘭克福廚房（Frankfurt Kitchen）。第一次世界大戰後，德國面臨嚴重的住宅短缺難題，政府為了解決問題，於是在法蘭克福市興建大量住宅，據說要購置的家具數量達一萬套，市內根本就沒地方放。當時負責建造住宅的德國建築家恩斯特‧梅（Ernst May），與來自奧地利的女建築家瑪格麗特‧舒特-里奧茨基（Margarete Schütte-Lihotzky），設計了在狹小空間內能發揮最大效用的廚房，這套標準廚房裡配備應有

第一套現代化標準廚房——法蘭克福廚房。

盡有，像是收納櫃、洗衣機、多功能烤箱、調味罐等等，這就是名留歷史的法蘭克福廚房。這套標準廚房後來成了契機，使得系統家具、家電、餐具開始產生進一步的發展，系統廚房文化也以德國為中心，開始往其他國家發展。

現代人，回歸於德式生活

在看到迪特·拉姆斯（Dieter Rams）設計的迷你音響和馬克斯·比爾（Max Bill：出身瑞士的設計師，為德國Ulm School of Design創辦人）設計的壁鐘後，往往使人感嘆：「這個世界是否還有人能夠設計出這麼簡約的東西出來？」由此可見簡約之美在人們心目中留下的印象有多強烈了。

曾經引領風潮的賈斯珀·莫里森（Jasper Morrison）的超平凡主義逐漸退去光環，大眾轉向反璞歸真，轉向喜歡簡簡單單的常沙鉢、白瓷壺與民畫，追求空白美與樸素生活以及大自然。好的設計不是不斷增加，而是要去蕪存菁，德國設計的本質不是裝飾，而是一種讓用途更為凸顯的方法，生活中的簡潔與機能性之美牽動了世界，德式生活不管何時都是進

01 02

行式，是生活風格的最佳選擇。

資料提供／薩博（收藏家、插畫家）

05

03

01 Walter Adolph Georg Gropius設計
的包豪斯建築，蘊含著包豪斯的設計
哲學。
02、03、04 崇尚工匠精神的德國，很
多作品都是出於匠人之手。圖02、03、
04 分別是Montblanc、Volkswagen、
Miele的工作現場與師傅。
05法蘭克福廚房裡的烤箱。

04

歷史悠久的德國設計師 1687～1983

Designers

接下來介紹點綴德國生活設計史過去與現在的主要幾個設計師，
從洛可可風格，一路經過新藝術運動、工藝運動、包豪斯、近代主義，
然後一直到現在。

Joseph Effner 1687~1745

1

約瑟夫・艾夫納

崇尚華麗雄偉風格的洛可可時代建築家，設計過慕尼黑宮殿與普萊辛宮。艾夫納出生於園丁家庭，曾在巴黎學建築，將巴黎的洛可可風格裝飾技巧帶到德國，主要活躍於慕尼黑一代。1715年被子爵麥斯・伊曼紐（Max Emanuel）任命為宮殿建築家，因此往後的十五年都在慕尼黑這個地方建築宮殿，易使人聯想起來的路易十五世時期的宮殿樣式，就是他的建築設計特徵。

反映洛可可樣式的桌案
（console），為1715～
1720年間製作的。

邁克爾‧索涅特

2

索涅特椅（Thonet Chair）的設計師，出生於德國博帕爾德，學會製造櫥櫃的技術後，在1918年開設自己的工坊。從1830年開始研究彎曲木頭的技術，這便是索涅特特有的彎木工法（Bent Wood）。1841年開設個人展示會，在會上大受奧地利帝國首相克萊門斯‧梅特涅的青睞，在首相大力邀約之下移居到奧地利維也納。邁克爾‧索涅特跟五個兒子成立的Thonet Bros現已發展為在歐洲、俄羅斯、美國等地都有分公司的索涅特公司（Thonet）。1859年推出的「Sessel Nr.14」素有「維也納咖啡屋之椅」的稱號，自誕生以來到1930年為止，據說共賣出了5億多張的驚人佳績，受歡迎的程度可見一斑。

以214之名進行生產的索涅特椅。

品牌／Thonet
網址／www.thonet.com

李查‧利曼斯密德

3

為建築家、畫家、設計師與城市規劃師，介於洛可可風格與工藝思潮（Deutscher Werkbund）之間的新藝術（Jugendstil）代表藝術家。深受美國藝術與工藝的影響，被評為奠定德國摩登藝術手工工藝基礎的人物，其中能反映出他新藝術風格的建築有慕尼黑室內劇院（Kammerspiele）與商船（SS Columbus）的室內設計。利曼斯密德婚後因為找不到適合自己家裡的家具，遂開始動手設計餐具與家具，在家具、地毯、布料、壁紙、玻璃、瓷器等多重領域都留下設計作品。

品牌／Meissen

Walter Adolph Georg Gropius 1883~1969

4

沃爾特．格羅佩斯

包豪斯運動的中心人物，改變了歐洲設計的流向，跟路德維希．密斯．凡德羅（Ludwig Mies van der Rohe）、勒．柯比意（Charles-Édouard Jeanneret-Gris）同列為現代建築史上的重要人物，他的另一個特殊身分就是與奧地利作曲家古斯塔夫．馬勒（Gustav Mahler）遺孀阿爾瑪．馬勒（Alma Mahler）結婚的男人之一。他在1919年擔任魏瑪包豪斯大學的校長，施行了工藝家精神與烏托邦教育，同時啟發學生的技術與個性面，奠定了早期包豪斯的精神。他的作品種類繁多，有家具、壁紙、柴油機車、寢室、汽車與建築物，後來因為躲避納粹政權，於1937年歸化美國籍，之後就一直擔任哈佛大學設計學院的院長，在美國度過餘生。

散發沃爾特．格羅佩斯設計哲學的椅子，F51。誕生於1920年。

品牌／Rosenthal、Tecta

Ludwig Mies Van Der Rohe 1886~1969

5

路德維希．密斯．凡德羅

為摩登建築大師，曾經在彼得．貝倫斯（Peter Behrens）的建築事務所裡與沃爾特．格羅佩斯、勒．柯比意共事過。密斯明確、簡潔的設計，為二十一世紀的建築樣式產生了莫大影響，擅長使用產業用鋼鐵、玻璃板等摩登素材裝潢室內空間，以最小的框架作業找出架構上的平衡感。1938年為了躲避納粹而移居到芝加哥，之後擔任Armour Institute建築部門的總監，他留下的作品有紐約的Seagram Building、還有柏林的National Gallery等。

為Thonet設計的椅子，S533。

品牌／Thonet、Knoll

Christian Dell 1893~1974

克里斯汀·戴爾

早先從事銀細工藝術＆手工藝的創作，在包豪斯工作坊（Bauhaus Workshop）當了三年的監督官後，又到法蘭克福藝術學校（現今的法蘭克福Städelschule藝術大學）任職，後來因為納粹的反對沒能待很久。雖然沃爾特·格羅佩斯表明可以提供他在美國的工作機會，可是愛國的他最後選擇留在祖國，第二次世界大戰結束後開始從事自己的事業並開設珠寶店。1926年開始設計燈具，替Kaiser&Co.設計過不少作品，當時他完成的Idell系列被認為是包豪斯的典型燈具風格。由於他率先使用氨基塑膠（amino plastic）與電木（bakelite）等新材料，所以被列為早期工業設計與塑膠設計的大師。

品牌／Kaiser

克里斯汀的名作之一，Kaiser Idell燈具。

Deter Rams 1932~

迪特·拉姆斯

Braun是德國家電傳奇品牌，而迪特·拉姆斯更是Braun的傳奇設計師。他出生於德國的威斯巴登市，第二次世界大戰後在威斯巴登工藝學校攻讀建築，進入Braun後，曾與來自印尼的模組設計師漢斯古格洛特（Hans Gugelot）一起合作，設計過的作品，除了有知名的電唱機SK-4、攜帶型收音機TP1以外，還有音響、收音機、計算機、咖啡壺與電風扇等等，讓大家見識到設計裡的無限可能，是落實「Less But Better」、「Less is More」的代表設計師。

品牌／Braun、Vitsoe

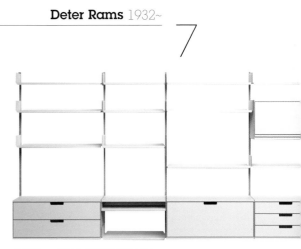

為了Vitsoe設計的模組家具系統606。

8

Ingo Maurer 1932~

英葛・摩利爾

被譽為光之詩人的燈具設計師，早年在德國與瑞士專攻平面設計，接受過排版訓練（typography training）。

1963年他結束短暫的美國移民生活，再次回到歐洲，並且開設了同名燈具公司。誕生於1966年的燈具Bulb，算是他早期的作品，該燈具一問世，立刻引起廣大迴響，甚至還被紐約現代美術館（MoMA）列為收藏品，後來設計的低電壓系統燈具YaYaHo為他帶來了前所未有的成功。英葛・摩利爾設計的燈具往往跳脫形式，天馬行空般的創意非常吸引人，其他名作還有設計一對天使翅膀的愛的燈具Lucellino、顏料軟管做的TU-BE、用便條紙及照片拼貼而成Zettel等等。

品牌／Ingo Maurer
網址／www.ingo-maurer.com

表現蝴蝶和蜜蜂圍繞在燈光周圍飛舞的燈具Johnny B. Butterfly。

9

Richard Sapper 1932~

李查・沙伯

出生於慕尼黑的工業設計師，目前活躍於義大利，懂得使用新技術，作品多半走簡約風格，往往充滿巧思，能夠帶給人驚喜。

他從在梅賽德斯-賓士的設計部門任職時開始累積經驗，1958年開始在米蘭建築公司工作，從1959～1977這段期間，整整有十八年的時間跟義大利的建築家、設計師Marco Zanuso一起合作，設計電視等電子產品，他為Artemide設計的Tizio Lamp桌燈，成為使用鹵素燈當燈泡的先驅，該產品也是賣得最好的一項。ThinkPad 700C則是在他擔任IBM設計顧問期間設計出的作品。

品牌／Artemide、B&B Italia、Alessi、Knoll、Kartell、Magis、Molteni、Pirelli

Brionvega收音機，對折後就會變成盒子的感覺。

費城藝術博物館裡收藏的義式咖啡機。

哈特姆·艾斯林格

出生於德國博伊倫（Beuren），為知名青蛙設計（Frog Design）創辦人，曾是早期蘋果電腦的設計師。哈特姆·艾斯林格從1969年便開設了設計代理公司，從事設計相關工作，他為第一個客人Wega設計的史上第一台Full Plastic的彩色電視以及HiFi系列Vega System 3000，為他帶來享譽全球的豐碩成果，1982年他以100萬美元跟蘋果電腦簽約，設計出世紀名作麥金塔電腦與Apple IIc。目前的他一方面持續從事設計工作，另一方面也在德國與奧地利當教授，為培養後進盡一份心力。

品牌／Vega、LV、蘋果、漢莎航空、微軟、山葉
網址／www.frogdesign.com

散發德國包豪斯設計感的早期蘋果電腦Apple IIc.

阿克謝·庫福斯

為網格（grid）設計系統的專業設計師，若你看過他為Moormann設計的書桌，還有Egal與FNP系列，應該就會知道何為直線美學。阿克謝·庫福斯的作品有簡約魔法之稱，絕對是德式模組家具的最佳代言人，除了設計師的身分外，他也是教商業設計的教授，聲名與賈斯珀·莫里森（Jasper Morrison）並列。把機能列為第一考量是阿克謝·庫福斯的設計哲學，與Jasper Morrison、Andreas Brandolini共同在柏林創立了公司Kufus，是非法裔設計師中，第一位收到Mobilier National Paris設計邀約的實力派設計師。

品牌／Capellini、Casawell、Magis、Mobilier National Paris、Moormann
網址／www.kufus.de

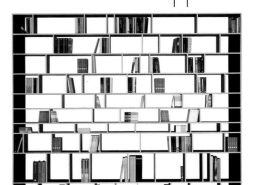

Moormann兼具高機能性與美觀的書櫃Egal。

12

沃納‧艾斯林格

富有實驗精神的藝術家，活躍於工業設計與建築領域。沃納·艾斯林格對於新技術、新材質的使用絕不猶豫，Soft Cell系列與2000年設計的Soft便是最好的例子。特別是Juli Chair，是德國首次被紐約現代美術館（MoMA）收藏的椅子，他設計的居住空間Loftcube，更提供人類全新的居住環境方案，目前的他正積極活躍於柏林。Portrait Photo by Tom Nagy

品牌／Cappellini、Znotta、Magis、Porro、Vitra、Interlübke、梅賽德斯-賓士、FSB、Thonet、雨果博斯
網址／www.aisslinger.de

Werner Aisslinger設計的Hemp Chair，是首張以植物纖維製成、一體成形的椅子。

13

葉斯&勞布

是好朋友也是合夥人的Markus Jehs & Jürgen Laub，1992年的時候在大學相遇，後來一起開設工作室，專事工業設計。

葉斯&勞布的設計風格就是外型簡約卻有令人印象深刻的色彩，深受國際許多知名品牌青睞。自1994年工作室開張以來，早期主要跟義大利品牌Cassina、Nemo等公司合作進行設計案，因為實力備受肯定，陸續開拓了德國與瑞士的客戶群。他們豐富的靈感來自平凡的日常生活，以及不同性質的東西，喜歡透過旅行、從大處著眼小處著手，創造出更精彩的設計。

品牌／Belux、Carl Mertens、Cassina、Cor、Fritz Hansen、Knoll、Nemo、Renz、Thonet
網址／www.jehs-laub.com

為Cassina設計的Cloth Chair。

14

康斯坦丁．葛契奇

他追求的設計就是永遠保有品味與幽默。1965年出生於慕尼黑，曾在Jasper Morrison Studio工作，累積豐富的經驗與實力，奠定了優秀設計師的地位。剛開始的十年風格偏向簡約，自從開始用電腦設計軟體後，便轉向更多彩多姿的型態，例如使用壓鑄鋁（die cast aluminum）做成的椅子Chair One，是康斯坦丁．葛契奇最經典的3D設計作品，他在家具、燈具、玻璃器皿、廚房器具等各方面領域也有出色表現。

品牌／Agape、BASF、Cappellini、Cassina、Classicon、Krups、Lamy、Magis、Moormann、Moroso、Montina、Muji、Flos、Iittala、Nespresso、Vitra
網址／www.konstantin-grcic.com

為Magis設計的名作，Chair One。

15

e27

由網頁設計師、平面設計師、產品設計師共同經營的多元設計公司e27，以Tim Brauns、Hendrik Gackstatter、Fax Quintus三位設計師為主軸，追求智慧機能、簡約風格、能夠實現創意的理念，希望大眾可以透過作品，發掘蘊含在裡面的巧思、機能與創新，能為大眾帶來新鮮感。代表作品有以金屬拉伸技術做成的Loll與凸顯低技術機能性的燈具Pit等等。

品牌／Lamy、Domus
網址／www.e27.com

保留燈具本質與德國設計特徵的Pit。

16

史帝芬·帝慈

實力派設計師,曾擔任
過Richard Sapper、
Konstantin Grcic的助
理設計師,領域跨足家
具、餐具、工業設計。

2006年設計的Bent系列家具,在米蘭家具
博覽會上得到廣大迴響。自2003年成立工
作室以來,曾與Rosenthal、Thonet等國際
大品牌進行合作,也為懶骨頭沙發、衣架
(Twist Coat Stand)等特定家具尋找設計
上的解決方案。他認為能夠壓低價格、尋找
新技法與勇敢嘗試是非常重要的。作品風格
走向為摩登、簡潔,而且色彩飽滿豐富。

品牌╱Moroso、Thonet、Wilkhahn、e15、
Rosenthal、Established & Sons
網址╱www.stefan-diez.com

為Thonet設計的Thonet 404。

17

彼特赫+亨瑟勒

由專攻產品設計的Moritz
Böttcher與Sören Henssler
於2007年成立的設計工作
室,設計的作品曾經獲得iF
設計大獎與紅點設計大獎,

實力深受各界肯定。他們的設計流程與桌球比賽
非常相似,先有了構思之後,他們就會針對這個
構思不斷提出問題,從發問與回答的一來一往之
間,找到最好、最合適的解決方案,然後再為這個
「方案」定下結論,然後全力以赴地去達成。他們
的設計風格為追求簡單,設計領域非常多樣化,有
家具、燈具、水龍頭、飾品等等。

品牌╱Scantex、Vertigo Bird、Anta、Kvadrat、
LoeweVonAppen、海尼根
網址╱www.boettcher-henssler.de

椅身以16mm鋼
管、椅背和坐墊
以2mm的鋁製成
的原型椅LUC。

為Anta設計的燈
具Coen。

18

揚尼斯‧艾倫伯格

對揚尼斯‧艾倫伯格來說，家具不只是一種物體，而是組成空間的必要因素，須依照空間設計出最適合的椅子和床，並且賦予這些家具獨特風格。揚尼斯‧艾倫伯格出生於德國的卡賽爾，最早在樹櫃製造公司累積實力與經驗，完成設計學業後，不論在理論、實務上都有亮麗成績的設計師。自2006年成立工作室後，就一直從事家具、燈具、飾品與室內裝潢的設計，實績作品有模組化的收納系統、適合大人小孩的機能家具，2011年在米蘭家具博覽會「Designing the Furniture 50+50」以新銳設計師之姿，正式在國際舞台亮相。

可以放在臥室裡的多功能簡易洗手台。

品牌／Sudbrock , Friesland , CB2
網址／www.ellenbergerdesign.de

19

馬克‧布朗

馬克‧布朗並沒有把眼光侷限在與眾不同或者是差別化的設計，「除了創新設計，最重要的就是要能讓大眾覺得親近」，這是他的一套設計哲學，他相信，能夠完全生活化才是最棒的設計。馬克‧布朗是在2007年正式開始投入設計工作，涉足的領域非常多樣，有燈具、家具、玻璃杯、珠寶盒、餐具等等，風格走向既摩登又帶點復古氣息。得獎資歷非常豐碩，作品在米蘭家具博覽會、德國科隆家具展（imm cologne）、邁阿密／巴賽爾設計博覽會（Design Miami/ Basel）、法蘭克福家具博覽會上都有亮眼的成績，實力深受各界肯定。

為Northern Lighting設計的燈具Bell。

品牌／Northern Lighting、Lobmeyr、Sintesi、ASA selection、Raumgestalt、Covo
網址／www.markbraun.org

20

Ett la Benn

柏林目前最活躍的設計團隊，在漢堡出生的奧利弗・比肖夫（Oliver Bischoff）在搬到柏林前，曾經當過一段時間的木工，所以他很清楚知道怎麼駕馭木頭與木材，而丹尼奧・迪勒雷（Danilo Dürler）過去曾經在手錶公司當設計師，這就是為什麼這兩個人的創作會帶點產業氣息，卻又非常重視生態環境的理由。併行產品設計與室內設計的他們，以異於常人的熱情與洞察力，模糊傳統觀念的包袱，打破固有思想並且力求變化，希望能創造出全新不同的設計。

品牌／Campo、梅賽德斯-賓士、Nomos、Mosaik、Kahla
網址／www.ettlabenn.com

模組化收納系統，可以做不同排列組合的Swoc。

21

克雷門斯・衛斯哈爾

克雷門斯・衛斯哈爾的創作領域很廣，只要跟設計扯得上關係都可以做，他曾在康斯坦丁・葛契奇（Konstantin Grcic）身邊當了三年的設計助理，從中累積許多經驗與實力，2000年開設了自己的工作室，為雷姆・庫哈斯（Rem Koolhaas）的研究顧問公司OMA提供工業設計顧問與策略諮詢服務，他目前主要從事展示建築與商品設計顧問工作。2002年開始與里德・克朗（Reed Kram）共同設計概念空間、商品、多媒體與安裝工作，曾為比佛利山莊的Prada賣場與龐畢度中心安裝互動裝置，以及為BMW開發視覺數據工具。

品牌／Artek、Classicon、Moroso、Prada、BMW
網址／www.kramweisshaar.com

舒適又不失設計感的吧台椅Triton。

馬蒂亞斯‧哈恩

活躍於倫敦的德國商品設計師，師從英國皇家藝術學院的榮‧亞德（Ron Arad），專長是工業設計與家具設計，對於產品的用途、機能極具關心與熱情，他的工作方式主要分成兩種，一種是先想出點子，然後才進行設計，主要解決日常生活中的特定問題；另一種則是以機能性為起點，然後進行天馬行空的設計，依照個案不同特性，有時採取其中一種方式，有時則兩種併行，希望能夠創造出輕鬆愉快、實用的產品。馬蒂亞斯‧哈恩非常講究傳統技法與材質的選用，設計領域多樣，有家具、燈具、餐具、花器、包包等等。
Portrait by Lucas Hardonk Landscape

品牌／Ligne Roset、Another Country、Arco、Kvadrat
網址／www.mathiashahn.com

讓木材與金屬達成一種美妙協調的造型檯燈Scantling。

漢娜‧克呂格

漢娜‧克呂格所呈現的是更接近藝術的設計面貌，這位將重心放在展示建築與家具設計的年輕設計師，帶給世人的是簡潔、充滿魅力的作品，而且非常犀利。例如給人一種似曾相識之感的木桌Tisch，與同時具備手工藝之美與德國設計俐落感的燈具Vaiss，雖然稱不上華麗，但是只看一眼就能讓人印象深刻。比起成品，她是將心力更集中在生產過程的一位設計師。她強調，要先在素材之中顯現出人性、製程之中融入文化脈絡，接著作品才能自己發光發熱，凸顯出專屬的價值感。Photo by Minu Lee

品牌／Rosenthal、Kasselcollection
網址／www.wird-etwas.de

凸顯玻璃工藝的簡約燈具Vaiss。

24

斯蒂芬．舒爾茨

斯蒂芬．舒爾茨的作品與華麗、裝飾是有距離
的，他大膽運用多少有些粗糙，但擁有高機能
性的材質來創作，例如看起來像兩張桌子疊
在一起的Table Loader、回收泡棉做成的沙
發、水泥做成的球等，從這些作品不難看出他
的設計哲學。其他還有許多充滿巧思的設計，像是為Moormann
設計的Stellvertreter，把鞋刷與衣架結合在同一塊水泥板上，
更特別的是水泥板上還印有大人與小孩的鞋印。在展示場的一邊
掛著他的標語：「機能是否佳？空間活用度高不高？能不能裝東
西？組裝起來容不容易？」這些正是他在創作前，詢問自己並且
思考的問題。相信他絕對是最被看好的明日之星。

品牌／Moormann、Betoniu
網址／www.studio-stephanschulz.com

可當椅子又可以當衣櫃使用的聰明
家具，Wardrobe Bench。

恰到好處的簡約感令人印象深刻，極具美感的廚房家具Leicht concept 40。

照片／朴鎮宇　　造型／姜貞善

35個德國生活與居家風格品牌

Design in Germany

介紹德國知名品牌所提供居家與生活的絕妙提案，
節制的品味與設計，搭配最頂級的材質與高度技術。

Cor

Cor身上流著德國包豪斯的血，因為其創辦人里歐‧路柏克（Leo Luebke）正是有濃厚包豪斯風格的Interlübke創辦成員之一，所以Cor的沙發多帶點摩登古典的氣息。Cor是在1956年的科隆博覽會上開始受到矚目的，Müller設計的摩登古典Conseta沙發獲得廣大人氣，也促成了Cor的快速成長。自1969年開始與世界知名設計師Peter Maly一起合作以來，Cor就席捲了大大小小的獎項，其中包括iF、紅點設計大獎等，十足展現了德國設計的榮譽。除了沙發以外，也有椅子、床、桌子等產品群。

主要產品／沙發、椅子、床
代表設計師／Peter Maly、Müller+Wulff
www.cor.de

Koinor

生產以機能主義為背景，外觀簡單大方的沙發與桌子，使用北歐寒冷地帶產的堅厚牛皮，這就是為什麼Koinor堅持要在北部的巴伐利亞地區生產沙發套與墊子（upholstering）的緣故。這裡有多種家具模組，可以依照喜好、空間等條件訂購，Koinor最經典的沙發是Volare與Avanti。Volare的椅背可以展開當頭靠（headrest）使用，扶手則有八段式調整功能。Koinor多色的Avanti沙發為沙發市場帶來相當新鮮的刺激，另一個特色是有著能把沙發和睡椅銜接在一起的角桌。

主要產品／沙發、餐桌、桌子
代表設計師／Kurt Beier、Cynthia Starnes、Volker Reichert
www.koinor.com

ClassiCon

ClassiCon無時無刻都在追求創新點子，喜歡與年輕設計師合作，追求冒險設計，當然前提是品質要達到一定的水準，所以ClassiCon的所有產品上都有流水編號。代表設計師是艾琳·格蕾（Eileen Gray）與康斯坦丁·葛契奇（Konstantin Grcic）。艾琳·格蕾是1920～1930年代間開拓出今日摩登風格的唯一女性設計師，只有在ClassiCon才能見識到她的創新之作。Konstantin Grcic的經典之作是Chaos Chair，抽象的外觀設計，不管從哪個方向看都有一種藝術品的感覺。

主要產品／沙發、床、椅子
代表設計師／Eileen Gray、Konstantin Grcic
www.classicon.com

Rolf Benz

現在經常可見的轉角組合沙發Addiform就是Rolf Benz在1964年設計出來的，在當時轉角沙發的設計是一種前所未有的創舉，Rolf Benz初啼試聲便能取得空前成功，最主要是因為有自家的工廠專門生產布料、皮革與木框，所以可以充分掌握沙發面料與沙發墊的品質。Rolf Benz認為沙發是一種能夠凸顯出擁有者眼光的藝術品，與梅賽德斯-賓士合作設計的Rolf Benz 6500沙發，還曾經在紐約現代美術館展覽過，Norbert Beck設計的沙發有溫暖的沙發套，外型柔和，帶給人一種舒適安樂的感覺。

主要產品／沙發
代表設計師／Norbert Beck、Christian Werner
www.rolf-benz.com

Dedon

這個品牌的家具很容易讓人聯想起高級度假勝地，看起來大部分家具都是藤編的，其實是用合成纖維Dedon Fiber做成的。創辦人巴比·德基瑟（Bobby Dekeyser）在1980年後期開發出看起來有藤編質感，又堅固耐用的Dedon Fiber，這個新材質看起來雖然不耐用，但遇到劇烈溫度變化或者暴露在紫外線、風雨、灰塵的環境下，都不會

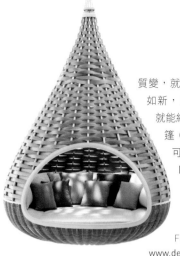

質變，就算用了一整年，外觀一樣如新，只要用沾濕的抹布擦拭，就能維持清潔。代表作品有附天篷（canopy）的Daydream；可以掛在高處、樹上的Nestrest等等。

主要產品／戶外家具
代表設計師：Jean-Marie Massaud、Eoos、Richard Frinier
www.dedon.de

Moormann

Moormann的創辦人尼爾斯·霍爾格·穆爾曼（Nils Holger Moormann）並沒有受到正規教育，而是自學起家，他追求「New German Design」的信念，因此這個品牌的特徵就是在創意設計之下，仍舊保留了單純的美感，以及細節的要求。代表作品Egal是用白樺樹合板做的書架，大小可以隨意調整；Kant則是將桌子、收納書本的空間融為一體的獨特設計；Bookinist是一種可移動式迷你圖書館，是引人會心一笑的巧思創意，設計的著眼點在手推車構造上，移

動起來非常方便。

主要產品／書架、椅子
代表設計師／Nils Holger Moormann、Axel Kufus、Konstantin Grcic
www.moormann.de

Kare

座右銘是「希望讓世界更有型」，創立於1981年的慕尼黑，與60幾個國家的設計師、廠商共同合作，有多達12種的創作風格，從摩登到復古應有盡有。Kare本身賣的是家具和小品，種類最多的是裝飾配飾，堅持提供合理的價格以及水準以上的品質保證，董事長Peter Schönhofen曾說過：「設計就是要娛樂使用者，而且要成為使用者日常生活裡的亮點。」

主要產品／家具與小品、燈具
代表設計師／Kare設計團隊
www.kare-design.com

Escada Home

德國擁有最優秀流行時尚基因的Escada Home，2001年1月透過國際家紡展（Heimtextil）推廣居家時

尚產業，之後便成功打進國際寢具市場。因為Escada Home也有賣流行服飾與精品配件，因此大眾對於精品配件的經典、優雅印象也轉移到家具這一塊，在暖色系的布料加上了華麗的印花，構成非常協調的組合，也有單色無印花的選擇，獨特的絲質光澤散發出一種高貴感。

主要產品／寢具
代表設計師／Daniel Wingatethe、Karen Schoeller
www.escada.com

Musterring

喬瑟夫‧沃爾納（Josef Hoener）於1938年創辦的Musterring，以奧地利為起點，現在在全球23個國家共有400多個畫廊，韓國則是在2000年引進。秉持「以獨具巧

思的家具點綴生活」的信念，提供全方位的生活提案。與德國、歐洲知名設計師合作，設計沙發、廚房家具、客廳家具等等，也有畢業於Musterring經營的設計大學的設計師，所設計的正統歐洲家具。雖然現在在全世界各地都可以買到Musterring的產品，但只要是Musterring出產的產品，都會附上一張總公司核發的品質保證書，由此可見其品質管理之嚴格。

主要產品／全方位居家用品
代表設計師／Bruno Höner
www.musterring.de

Werkhaus

Werkhaus的椅子和收納整理箱使人想起兒時常玩的汽車玩具，有一種懷舊溫馨的感覺，使用的材質是回收木屑以及對人體無害的環保漆做成的MDF（密迪板），上頭有趣的圖案是用高畫素數位影印機印製，最後再塗上一層UV強化塗料。Werkhaus的設計走向為簡單、摩登，不用時可以壓縮起來節省空間，在業界得過許多設計獎項，其產品也被永久收藏在各國的博物館裡，組裝的時候只會用到橡皮筋，完全不必動用到接著劑。

主要產品／椅子
代表設計師／
Werkhaus設計團隊
www.werkhaus.de

Walter Knoll

已有150年歷史的Walter Knoll，過去以來跟伊歐斯（Eoos）、諾曼·福斯特（Norman Foster）、皮爾森·羅伊德（Pearson Lloyd）、限研吾（Kuma Kengo）等知名設計師合作，留下許多膾炙人口的作品，引領全球的設計趨勢。與Walter Knoll合作的設計師很多，有著五花八門的風格，但也有共通點，那就是使用頂級材料為使用者帶來舒適安樂。喜歡使用直覺影像的Eoos設計團隊，代表作品是原木做成的Tadeo桌子，呈現出木頭原有的紋路，散發出一種優雅、穩定的氣息。Norman Foster是英國著名的建築設計師，代表作品是一款古典型沙發Foster，完美的平衡結構，傳遞出一種和樂舒適的感覺。

主要產品／沙發、椅子、桌子
代表設計師／Eoos、Norman Foster、Pearson Lloyd、Kuma Kengo
www.walterknoll.de

Koziol

德國人對設計的熱情是永無止盡的，Koziol擁有150年的歷史與豐富的技術經歷，生產居家、廚房、浴室等全盤性的生活用品。

他們打出的口號是「更好的設計、更多的微笑」，希望可以推出更多能為生活帶來樂趣的產品。色彩豔麗加上獨特的造型是其設計風格走向，總是能夠獲得廣大喜愛。就跟熱愛大自然的德國人一樣，Koziol的產品都經過嚴格的環境檢測，是一個非常愛地球的品牌。

主要產品／居家、廚房、浴室等生活用品
代表設計師／Koziol設計團隊
www.koziol-gluecksfabrik.de

Kaiser Idell

創立於1895年，提供最高級照明設備的燈具公司，1936年首次刊登在型錄上的檯燈6331系列，一推出就立刻大受歡迎。與克里斯汀·戴爾（Christian Dell）合作設計的Kaiser Idell系列燈具非常有名，有著包豪斯時代的經典設計，以及成熟的技術，使用起來非常方便，線條俐落大方，散發出一種機械美學的特性，克里斯汀·戴爾除了設計檯燈，也設計多款用途的燈具，例如壁燈等等。現在Kaiser Idell依然執著於有品味的德國設計、最上等的材質以及先進的技術。

主要產品／燈具
代表設計師／Christian Dell
www.kaiseridell.de

Zeitraum

17年前由非常熱愛樹木的比吉·肯麥樂（Birgit Gammerler）創

立的品牌，非常執著於保持原材的面貌，以改變形狀來取代大量的加工，增添一些視覺上的變化與樂趣，家具在組裝過程中不使用螺絲，而是以木頭榫卯的方式接合，1994年將生產產品與販售產品的專業人員合併在同一個團隊，並開始在奧地利、義大利等地大量生產家具。最具特色的產品有像是懸浮在半空中的床「Simple Hi」，可以自由選擇要原木還是布面的床頭，或者乾脆省略；以及強調彎斜桌角與鋼架的Soda Table。

主要產品／桌子、椅子、床
代表設計師／Formstelle、Hanna Ehlers
www.zeitraum-moebel.de

Ruf Betten

Ruf Betten在德國是寢具品牌，在德語中有「品質」的意思，從公司名稱可以得知對技術力與安全性的超高要求。擁有80餘年歷史的Ruf Betten向來以獨特的設計風格著稱，早期公司主力是放在床的裝飾，後來拓展為整張床的設計。跟重量級設計師史戴芬・海日格（Stefan Heiliger）合作設計出來

的產品曾獲得國際設計大獎，品質外觀皆受到肯定。其中較具特色的產品有Cocoon床，寬闊的床頭給人一種安全感，史戴芬・海日格的作品向來以舒適著稱，他設計的沙發床也很有名。

主要產品／床
代表設計師：Thomas Althaus、Stefan Heiliger
www.ruf-betten.de

Hülsta

Hülsta認為家具並不單純只是一件物體，而是能夠表現個性的一種方式，因此致力於生產耐看又能營造獨特氣氛的頂級產品。自1940年阿洛斯・赫斯（Alois Hüls）創立以來業績蒸蒸日上，將產品擴展到多元領域，從寢室家具到基架（base frame）、系統範圍（system range）與用餐室（dining room）的設計都有。其中的基架是以Hülsta的睡眠研究為製作基礎，能夠依照個人的睡覺習慣，利用38根木條調整床面的軟硬度。

主要產品／床墊、基架等寢具系統
代表設計師／Hülsta設計團隊
www.huelsta.com

Leicht

Leicht同時呈現了德國家具的藝術性與機能性，是歐洲皇室、國際知名人士愛用的廚房家具品牌，追求外在摩登內含機能性的家具，提供客製化家具，有上百種顏色可選擇，能夠讓消費者依照各人喜好布置自己的廚房。由德國工匠以手工打造，呈現美麗木頭紋路的「Leicht Highline」深具特色，適合用來營造洗鍊感覺的廚房，此外也有用自家生產的E0級環保材質製作的廚房家具。

主要產品／廚房家具
代表設計師／Leicht 設計團隊
www.leicht.de

Miele

Miele為家族企業，從卡爾·美諾（Carl Miele）創辦至今已經傳到第四代，專事生產著重機能性、簡單大方的家電。雖然Miele致力於保留113年的設計傳統，但這不代表他們一直處於原地踏步的狀態，反而在技術上有驚人的發展。Miele的滾筒洗衣機和吸塵器擁有引以自豪的超高性能，在西歐市場佔有率是第一名，滾筒洗衣機和洗碗機裝有自動感應器，能夠掌握髒汙的程度，再自動調整適合的水溫與水量。

主要產品／洗衣機、吸塵器
代表設計師／Miele設計團隊
www.miele.com

Asa Selection

生產裝飾餐桌會用到的造型瓷器、餐具，以及烤箱、花瓶、燈具、桌巾、刀具等等，有各式各樣的家飾、餐具食器類。Asa Selection是阿克賽爾（Axel Schubkegel）與伊鳳（Yvonne Schubkegel）在30年前創立的，其餐具在法國市場佔有率排名第一，產品反映了世界生活風格以及各國的特色擺盤藝術，摩登的設計是其最大特色。每種產品都有很多尺寸與造型，不過因為是純手工製造，所以只能小量販售。

主要產品／各種餐具、家飾品
代表設計師／Asa Selection設計團隊
www.asa-selection.de

Siemens

有160年的歷史，從中累積許多實力
與經驗，生產的產品外銷到世界189
個國家。Siemens在德國家電市場
的佔有率是第一名，兼具了實用性
與外觀，才能獲得全世界的肯定。
產品類型有電烤箱、洗碗機、滾筒
式洗衣機、吸塵器等一般家電與內
建家電，所有產品都有節電、節
水、節省洗劑、低噪音的設置，是
非常環保的家電。

主要產品／一般家電與內建（built in）
家電
代表設計師／Siemens設計團隊
www.siemens.com

Henckel

Henckel著名的雙人牌刀具品質享
譽全球，是世界上最古老的商標之

一，也是韓國所有家庭主婦的願望
清單之一。1731年Henckel在德國
盛產鐵的威斯特法倫州的小鎮索林
根誕生，到現在已經要迎接第280
週年的紀念日了。Zwilling Pure
西式主廚刀主要是為了紀念悠久歷
史，更是Henckel的技術與設計的
結晶，雙人牌刀具是Henckel旗下
眾多品牌中，唯一進入全球百大精
品的，特別以其德國工匠精神、
製造方法與具有藝術氣息的外
觀自豪。

主要產品／菜刀、炊具、料理
用具等
代表設計師／Matteo Thun
www.zwilling.com

Hansgrohe

呈現110年浴室文化的水龍頭製造
商，曾以獨特的設計獲得包括iF設
計大獎在內的300座獎項，是國際
連鎖飯店、高級住宅愛用的品牌。
Hansgrohe向來重視設計與衛生管
理，以矽利康材質做成的蓮蓬頭，
只要用水搓洗
噴水口，就能
永保清潔。

主要產品／水龍頭、蓮蓬頭
代表設計師／Antonio Citterio、Patricia
Urquiola
www.hansgrohe.com

Fissler

為卡爾·菲利浦·菲仕樂（Carl
Philipp Fissler）於1845年創辦的
公司，1855年時將蒸汽機引進廚房
家具生產線，這不但是世界創舉，

也為生產廚房家具帶來前所未有的革新。Fissler的口號是「隨時隨地都要完美」，致力於生產全方位的廚房用具，在歐洲市場佔有重要地位。二十世紀中葉，Fissler開發世界最早的壓力鍋，保留住食物的味道與營養，料理的時間也節省了70%，一直到現在，Fissler的壓力鍋仍是廚房裡不可或缺的好幫手。

主要產品／廚房用具
代表設計師／Thomas Gerlach
www.fissler.com

Villeroy & Boch

始於1748年的Villeroy & Boch是德國老牌瓷器商，這麼長久的歲月以來始終如一，專精於生產各式各樣的瓷器，一般而言，瓷器商通常會在數年間持續沿用一到兩種花色，不過Villeroy & Boch秉持「瓷器也是一種流行」的精神，每年都會推出全新花色的產品，款式花樣很多，能夠反映出使用者的年齡層與生活風格，即使跟以前的產品一起使用，也不會有違和感。

主要產品／餐具、磁磚、洗臉台
代表設計師／Oliver Conrad
www.villeroy-boch.com

Soehnle

Soehnle是德國的老牌磅秤商，自1868年製造出第一台磅秤後，就持續在歐洲生產家用磅秤。1956年更推出個人體重機，Soehnle把焦點瞄準健康與養生，希望能夠藉由體重機幫助大家維持均衡的飲食習慣與良好作息。個人用磅秤不管是顏色、花樣都很豐富，這也是Soehnle的產品特色之一。

主要產品／數位天秤、類比式磅秤
代表設計師／Soehnle設計團隊
www.soehnle.com

WMF

WMF最早是從金屬工廠做起的，直到1927年開發出不鏽鋼「Cromargan」，才開始轉向生產半永久、環保的廚房用品。WMF的鍋底是三層合金，分別是不鏽鋼、鋁和不鏽鋼，這樣的設計能夠蓄

熱，有助於減少烹煮的時間與節省資源。WMF的餐具風格不拘泥於某種形式，有文藝復興到巴洛克的傳統裝飾，也有新藝術風格，近來致力於融入現代要素，希望可以創造更多元的設計。

主要產品／廚房用具
代表設計師／Wilhelm Wagenfeld、Ron Arad、Zaha Hadid
www.wmf.com

Lamy

100%德國當地生產，致力於保持最高品質的鋼筆商，商品的風格明確，具有現代感，簡單大方而且機能性佳，光是以上幾點就能充分證明Lamy的品牌魅力。創辦人是C·瑟夫·凌美（C. Josef Lamy），起先是推出Orthos與Artus這兩個品牌，後來在1948年改名為「C. Josef Lamy GmbH」，到了1952年又改為Lamy。透過與包豪斯設計師Gerd A. Müller的合作，最後終於完成了Lamy Design。其他合作的知名設計師還有深澤直人、Eoos等。

主要產品／筆
代表設計師／深澤直人、Eoos
www.lamy.com

Sennheiser

1945年弗里茨·森海塞爾（Fritz Sennheiser）博士網羅了七位專家，共同成立了Sennheiser Electronic，主要生產麥克風、耳機、有線麥克風等音訊、錄音相關產品。從創立初期的小公司發展到現在，已經是擁有1,800名員工的大公司了，Sennheiser的產品曾獲得科學技術獎、艾美獎與格萊美獎，實力深受肯定。比較受歡迎的系列是耳罩式耳機HD800、耳道式耳機IE80、藍芽無線耳機MM550。

主要產品／耳機、無線麥克風、螢幕系統
www.sennheiser.com

Leica

Leica除了是品牌名稱，也是裝有Oskar Barnack於1925年所開發的35mm鏡頭的相機名稱。自恩斯特萊茨（Ernst Leitz）開發出望遠鏡後，也開始了望遠鏡事業，從Ernst Leitz二世接手經營後，正式賣起了Leica相機。在Leica坐穩35mm相機品牌第一把交椅的同時，也投入文化事業，從1979年開始舉辦徠卡奧斯卡·巴納克國際攝影大賽，2011年起與國際攝影經紀公司馬格蘭攝影通訊社（Magnum Photos International, Inc.）開始有合作關係，推廣攝影文化不遺餘力。

主要產品／相機、望遠鏡、投影機
en.leica-camera.com

A. Lange & Söhne

1845年費迪南德‧阿道夫‧朗格

（Ferdinand Adolph Lange）於
德國格拉斯許特創辦的公司，致力
於生產具有藝術性的特色手錶。早
期生產的懷錶因為其精密構造與獨
特設計，現在在拍賣市場的價格依
然高得嚇人，第二次世界大戰爆發
時曾經停業過一陣子，直到1990
年在創辦人的曾孫瓦爾特‧朗格
（Walter Lange）奔走下，才又開
始營業，之後陸續推出
LANGE 1、ARKADE、
LANGE MATIK、
DATOGRAPH等亮
眼型號，商品在出
廠前均經過嚴格
的品質把關，所
以每年只能生產
5,000只手錶。

主要產品／手錶
www.alange-soehne.
com

Leuchtturm

專門講究細節、造型古典的筆記本
商，就跟它的名字一樣可以稱為文
具界的「燈塔」。Leuchtturm至
今已有超過90年的歷史，在經驗與
實力的累積之下，才能製造出如此
完美的筆記本，多年來強調使用者
的方便性，貼心設計了目次、書籤
繩、夾層等等細節，並且使用中性
紙防止墨水暈開，大大提高質感。
每一種筆記本都有四個尺寸，內頁
也有空白紙、格紋紙等多種選擇，
基本顏色除了黑、白、紅、藍以及
灰色外，也有粉蠟筆色調。但是對

Leuchtturm來說，除了選擇性多的
產品優勢之外，他們更重視的是使
用者在做筆記的瞬間感受。

主要產品／筆記本、日記
www.leuchtturm1917.com

Rimowa

有一條條細槽溝設計的鋁製行李箱
始祖Rimowa，是1898年誕生於德
國的旅行箱品牌，以生產輕盈、堅
固耐用的旅行箱為主。為了生產趨
近完美的旅行箱，從原料挑選到製
造過程都有嚴格的把關，最重要的

製程則是由工匠以手工進行。產品線分成兩條,一條是製作隱約帶點光澤的鋁鎂合金,另一條則是著重色彩、強調光澤的聚碳酸酯產品,製造地點分布在德國總部科隆、加拿大與捷克等地。

主要產品／公事包、旅行箱
www.rimowa.de

Montblanc

Montblanc起源於德國的漢堡,直到現在即使經過了百年歲月,依然是知性與品味的象徵。代表作品是Meisterstuck,上頭有象徵勃朗峰六條冰川的白色六角星標記,從1992年起每年都會推出限量版來紀念偉大的藝術家。Montblanc的產品類型多樣,有風靡筆迷的限量版、瞄準年輕族群的個性筆,以及專為女性顧客設計的寶石鋼筆等。

主要產品／筆記用具、手錶、皮革、寶石
www.montblanc.com

Beyerdynamic

Beyerdynamic是德國的音訊設備品牌,自1924年創立後便陸續取得許多專利,有眾多產品群,總是不斷創新技術。創辦人歐根‧拜爾（Eugen Beyer）在業界一直是處於先驅者的地位。Beyerdynamic生產基地設在德國南部的海爾布隆,主要以手工生產,DT48頭戴式耳機是在1938年推出的產品,直到現在仍是工程師們最愛的型號,更是引領市場的標準型號。

主要產品／麥克風、耳機、頭戴式耳機
www.beyerdynamic.com

Nomos

對Nomos手錶的第一印象是簡單大方,充分反映出德國機能美的設計特徵,Nomos這個牌子很年輕,創立於1990年,讓人嗅到一股朝氣蓬勃的味道。大家都知道瑞士跟德國是全球製錶的兩大龍頭,誕生於德國製錶重鎮格拉斯許特的Nomos,是堅守德國製錶工法的品牌之一,不僅手錶機芯是自家生產,連手錶上的螺絲也是堅持使用只在295℃時才能產出的矢車菊藍色螺絲。Tangente、Tangomat、Ludwig等等都是凸顯Nomos獨特魅力的系列型號。

主要產品／手錶
www.nomos-glashuette.com

驚豔美國

美國是一個移民國家,歷史非常短暫,

由於對設計所抱持的態度是以尊重二字為前提,

因而發展出不可小覷的設計市場。

引領1960年代美國設計市場黃金期的是,

擅長使用新材料與新技術的Charles&Ray Eames、Eero Saarinen,

甚至是路邊販售廉價商品的攤販。

接著一起來了解有創新設計,卻不強調流行性的美國,

其設計與生活風格究竟是怎麼樣的面貌。

Amazing
America

8位專家眼中的美國設計
與藝術評論

歷史短暫的美國拜各項有利因素所賜，整個國家以飛快的速度成長，
因為國土廣大，喜好與取向也變化不窮，實在很難只用一個風格去定義，
接下來請8位對美國設計動態瞭如指掌的知名人士，
來一談美國的設計與藝術現況。

《etc》與《the stylist's guide to NYC》
作者、時尚家：Sibella Court

我認為「回歸根本」的慢速工藝（Slow Craft）在
美國境內會引起廣大迴響，進而根深柢固，人們改
以動手製作的方式取代購買。像我就打算利用從花
園裡採收的石榴、洋蔥皮和番紅花來製作染料。

法國色彩趨勢調查公司Peclers Korea代表：
李順英

美國設計是沒有所謂獨創性的，最近設計界重新回
鍋的重要潮流，是加入手工藝元素的1970年代加州
設計風格。所謂世紀中期（Mid-century）加州設計
風，就是使用天然材料，像是木材、石頭、纖維、
金屬，盡量不做過多的加工，雖然外表樸實，但是
仍透露出一絲奢華感。

01

01 Wendell Castle的作
品開啟藝術家具的樂
章。© Gallery Seomi
02、03 擅於加工瓷器、
金屬與玻璃的設計師
David Wiseman。
©Gallery Seomi

03

首爾畫廊Gallery Seomi課長：權永智

跟歐洲相比，美國的家具設計史算是相當短暫，不過若只看現代設計領域這一塊，其實也是存在鮮明的傳統。建立美國的移民者，絕大多數是根源於歷史悠久的歐洲，他們造就了美國現代主義以及文化的多樣性，因為加上經濟復興這個後天優勢，許多以二十世紀中半工藝樣式為基礎的設計開始登場，其設計特徵就是緩和了特有的藝術語言。此外，因應大量生產的設計到達臨界點，風向便轉往以展覽為主的企劃者與收藏家，於是追求蘊含強烈傳統風格與工匠精神，全新型態與美感的設計運動開始在美國境內蠢蠢欲動。

溫戴爾・卡索（Wendell Castle）正是發起美國工藝運動的創始人之一，他本人也是開啟藝術家具新樂章的設計師，更是備受尊敬的家具工匠。以往藝術、工藝與設計三者之間的界線是很明確的，才華洋溢的Wendell Castle打破了這些既有界線，讓大眾見識到不同以往的作品。他苦心研究歐洲家具工匠的木工技法，加上自身的雕刻經驗，發揮了天馬行空的想像力，創造出跳脫尺度、結合感官、有機型態與機能性的作品。塑膠是在1960年代後期才被發明出來的，他把木工的那一套技法運用在塑膠材質做出的家具，在過了半世紀的今日，美學價值更是重新獲得肯定。

大衛・威斯曼（David Wiseman）是延續這股設計運動的次世代設計師，他不同於其他只專注在同一材質上的年輕設計師，具有強烈的好奇心，願意嘗試各種不同的材質，Wiseman以十九世紀法國與英國的傳統裝飾藝術為參考範本，加上自己對瓷器、金屬、玻璃工藝的透徹了解，在現代技術的幫助之下，完成了創新的加工方法，他擁抱舊時代工藝工作室的精神，以自己特有的現代語言與製作方式，設計出讓眾人耳目一新的燈具與裝飾品。

2011年邁阿密舉辦的展覽裡，Johnson Trading Gallery的攤位。©Johnson Trading Gallery. New York

韓國梨花女子大學西洋畫系教授兼作家：李光顯

繼許多著名的大師之後，坦白說出身美國的設計師實在少之又少，雖然如此，目前美國的設計市場仍在持續茁壯當中，陸續舉辦許多相關活動與展覽，對全世界的設計師來說，美國這個國家的確是幫助他們成長的重要踏板，光是一些重要美術館所舉行的設計展覽與拍賣，就能充分印證設計市場的規模。

好比幾年前紐約摩斯藝廊（Moss Gallery）舉辦的Maarten Baas展覽，確實為他帶來許多知名度。近來除了知名的藝廊，一些年輕設計藝廊的活動也越來越旺盛，我覺得美國這個國家，是呈現全球設計多樣性最適合的國家，美國在設計師、設計市場、收藏家與觀光客的推波助瀾之下，推動了整個產業的巨輪，所以美國的確是名符其實的設計強國。

英國織品與裁縫專門店Fabric Guild：楊惠英

遊走在高級與平價的設計品、高科技新產品與老古董，美國的設計市場是一個大熔爐，首屈一指的設計師Charles and Ray Eames、Nelson George、Alexander Girard與街頭的販夫走卒是並存的，紐約這個大城市的確有許多創新，我想這就是美國設計最大的助力。有趣的是，世界各國的設計師與藝術家有志一同，紛紛來到紐約努力創作，但諷刺的是「紐約並沒有流行」，是一個存在著任何可行性與無差別設計態度的地方，不過與其只用幾句話來定義，倒不如說，美國的設計其實一直都處於進化的進行式當中，這樣應該比較貼切。

WISE建築事務所所長：張永哲

在設計、建築、藝術之間，如果只看建築這個部分，我覺得美國建築就是以少數的實驗去創造出全新的建築風格，進而成為支配世界建築議題的超級力量。

陶藝家：李憲政

01

若看現代美術與設計，就會發現過去矗立在藝術與設計之間的那道牆，已經快要崩塌了，美術接收了設計的生產製程，而設計卻輕視了藝術家「形而上學」的觀念價值，或許是因為隨著現代美術泡沫的消退，實用讓設計商品價值與藝術價值劃上了等號。尤其是美國這個泱泱大國，年輕文化與實用價值有相當密切的關係。從最近美國具有影響力的展覽就能看出，設計商品跟畫作是一同展出的，在過去很難看到美術與設計商品連袂出現，但現在已經是稀鬆平常的事情了。我認為這種現象主要是因為美國大眾開始關心介於美術與設計之間的可能性。美國現代文化身上所揹負的繼承傳統的責任並不是很重，所以他們便把心思放在新的創作身上，歐洲對藝術與設計的那一套看法在美國已經不管用了，設計跟藝術之間的界線已經越來越模糊。

01 Wendell Castle設計的藝術家具。©
Gallery Seomi
02 David Weissman以美麗的陶瓷和青銅表
現出花朵盛開的面貌。© Gallery Seomi

室內裝潢設計師：楊泰歐

美國每一個州都有自己的特色，不過就設計來說，大致上可以分為東部與西部。LA的設計中心主要是以瑪麗・麥當勞（Mary Mcdonald）、凱莉・韋斯勒（Kelly Wearstler）的迷人好萊塢設計為主，就像一幅老畫打上華麗的燈光照明，然後再放一張可以坐數十人的大桌子，很多人都喜歡這樣的風格。如果用時尚設計師來形容，大概就是湯麗・柏琦（Tory Burch）的感覺。而紐約則是偏愛全黑加上亮點，看起來簡單又大方的裝潢風格。美國影集《花邊教主》裡的一些It Girl的場景是由Ryan Korban設計的，因為他跟時尚設計師王大仁（Alexander Wang）一起合作，所以非常清楚時尚動態，反觀歐洲的建築家與室內設計師，相較之下比較不懂尊重時尚，只會把牆築高。另外，美國富人區的室內裝潢風格會因為地域的關係風格迥異，例如科羅拉多阿斯彭境內有許多富人用來過冬的房子（winter house），幾乎都是木屋與掛上鹿頭標本的典型裝潢，而漢普頓海邊的房子，很多都是白色的外觀加上大理石游泳池的組合，事實上在阿斯彭有房子的人，在漢普頓、紐約、LA也都有房子，所以建築裝潢風格也會隨著地區與氣候的不同而改變。

顛覆世界的7位設計師與經典椅

Iconic Chairs 7

美國二十世紀初的設計是完全跟包豪斯時代區隔開來的，
接下來介紹改變世界家具設計版圖的設計師，
以及用新材質、新技術創造出來的作品。

Marcel Breuer 1925~

1

馬歇‧布勞耶

現代椅的象徵

馬歇‧布勞耶出生於匈牙利，是美國建築家與
家具設計師，師承包豪斯創始者沃爾特‧格羅佩
斯，一直從事包豪斯家具的設計，致力於家具大
量生產技術的他，在1925年從彎曲的腳踏車把
手得到靈感，以彎曲的鋼管設計出家喻戶曉的瓦西里椅（Wassily
Chair）。能夠用來代替木頭的鋼管在當時是新材料，跟其他不同的
材質相結合做成的椅子優點很多，像是價格合理、構造堅固、容易
清潔、方便攜帶，現代的設計風格也滿足了美觀上的要求，瓦西里
椅除了是現代主義的象徵，也被列為二十世紀的經典設計之一。

Wassily Chair

Charles & Ray Eames 1948~

查爾斯&雷・伊莫斯

新材質與成型技術的組合

模組塑膠椅可說是現代塑膠椅的鼻祖，查爾斯&雷・伊莫斯利用彎木技術與合板所製作出來的LCW（Lounge Chair Wood），除了易於大量生產也能壓低價格，如此創舉，使得他們成為提到現代家具歷史時，絕對不會漏掉的人物。還有一項作品，到二十世紀中葉仍被認為是創舉，那就是DAR椅子，他們使用了玻璃纖維材質與彎曲成型的技術，坐墊、椅背、扶手則是一體成型，這樣的設計概念跟以往的組合式椅子有相當大的區別，玻璃纖維這種材質除了易塑形、質地輕盈，而且不易燃，不僅能夠提高生產效率，也能設計成有機型態的外觀，DAR被譽為家具創新的經典範例。

2

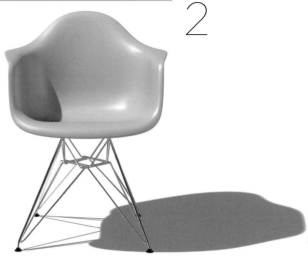

Dining Armchair Rod

Harry Bertoia 1952~

哈里・伯托埃

舊材質的新用法

出生於義大利的知名雕刻家、設計師，曾在底特律工藝學校與葛蘭布魯克藝術學院教授金屬工藝技術，後與查爾斯&雷・伊莫斯、埃羅・沙里寧（Eero Saarinen）等人一起設計椅子，1952年透過Knoll發表鑽石椅（Diamond Chair），使用了當時只用於產業用途的鐵線，一根一根用手掰彎編織後，再焊接起來，跟以往的鐵絲椅比起來做工要繁複許多，呈現出有機型態，因為是按照人體曲線設計，坐起來非常舒適，特殊的鐵網結構，好像浮在半空中一樣，整座椅子就像一件雕塑品，鑽石椅的誕生讓世人了解，只要有創意，就算只用鐵絲也能創作出美麗的椅子，打破對設計的固定觀念。

3

Diamond Chair

4

埃羅‧沙里寧
摩登設計的基準定位
埃羅‧沙里寧是一名
家具設計師與建築家，
跟查爾斯&雷‧伊莫斯一
樣致力於研究有機型態的
設計，不過他留給世人的是另外的貢獻。執
著於有機型態設計的他，後來把焦點轉向能
夠替代合板的纖維與塑膠上，1948年他成功
設計出子宮椅（Womb Chair）。而真正讓埃
羅‧沙里寧在摩登設計這個領域達到新里程碑的是，
他在1956年設計的鬱金香椅（Tulip Chair），坐墊的
表面是塑膠，裡頭則是用玻璃纖維強化，鋁製的椅腳
外頭也包了一層塑膠，坐墊看起來好像跟椅腳連為一
體的樣子，獨特構造再加上創新的材質，使得鬱金香
椅成為日後摩登設計家具的範本。

Tulip Chair

5

喬治‧尼爾森
組裝式沙發的誕生
喬治‧尼爾森是二十
世紀對美國設計與建
築界最有影響力的人
物，1946年到1972年
他在Herman Miller擔任總監的期間，
提拔過無數的摩登家具設計師，當然
也推出過許多作品。Marshmallow沙
發是由好幾個圓形填充物組合而成，很
符合大量生產的觀念，是他所開發、創新
製作方法的代表作，大膽省去不必要的部
分，流利的線條、簡單大方的外觀，如此
完美的設計可以滿足視覺上與機能上的要求，
他的作品足以證明他是美國現代主義創始者的地位。

Marshmallow Sofa

Warren Platner 1966~

6

沃倫・普拉特

審美主義與機能主義相結合

沃倫・普拉特是一位家具設計師、室內設計師，曾在雷蒙德・洛威（Raymond Loewy）的辦公室參與過諸多設計，雷蒙德・洛威是為現代設計史畫下嶄新一頁的響叮噹人物。到了1960年代，他主張應該要把裝飾要素視為機能的一部分，因應這樣的概念設計出來的作品有用鎳、青銅鍍金的鐵線排列做成的桌子，以及線條優美的椅子，還有結合了型態優雅的鋼絲所做出的家具等等，許多獨特創新的作品紛紛問世。

Platner Collection

Bill Stumpf & Donald Chadwick 1994~

7

比爾・施通普夫 & 唐・查德威克

把人體工學接稼到設計上

隨著科學越來越發達，家具的設計也越來越人性化，人體工學是在二十世紀後半葉正式接稼到家具設計上的。比爾・施通普夫 & 唐・查德威克在1994年發表的Aeron Chair便是經典一例，這兩個人都畢業於理工大學，以科學的研究為基礎所設計出的Aeron Chair，考量了身體結構、人體的坐姿與習慣，甚至其中還包含了整型外科醫師、與血管學方面專家的專業建議，標榜是世界上最舒服的椅子。精巧的懸浮裝置增加了便利性，將新開發的Pellicle材質套用在椅背上，可以分散體重，坐起來更舒適，因為透氣功能佳，長時間久坐也不會感到不適，Aeron Chair截至目前為止在人體工學設計中，依然是拔得頭籌的地位。

Aeron Chair

28個別出心裁的美國品牌

Products from America

重視實用價值的美國人，追求能夠兼具機能與設計的家具。
美國居家設計主要以當代設計為主，
接下來介紹生活用品、家電與家具品牌。

Part 1

CREATIVE IDEA

充滿朝氣、創意與巧思，
以美國生活為主軸的
設計師與品牌。

01 | 可愛的手工布藝作品
Tamar Mogendorff

來自紐約的Tamar Mogendorff平時熱愛小動物，擅長利用不同的布料組合，以手工的方式做出貓頭鷹、小鹿以及小鳥娃娃。她多半使用高級亞麻混搭好幾種布料的紋路，然後以手工製作的方式完成，一針一線縫合下來的精緻美感是最大特色，在紐約與歐洲的各大精品店、展示櫥窗上，經常可以見到她的作品。

02 | IT與設計的結合
Belkin

總部設在加州，提供IT相關機器與解決方案的全球性連鎖企業。能見到Belkin的產品有蘋果配件、筆電配件，與三星電子締結合作伙伴關係，為其製造Galaxy專用配件，也有電線、包包等週邊產品。以先進IT技術為基礎，追求革新設計，將「靈感來自人類，專為人類設計」奉為設計口號。

03 | 設計字體系列
House Industrial

創立於1993年的House Industrial，是全球性的字體設計公司，除了開發多樣化的字體風格之外，也將事業版圖擴展到家庭用品、積木、印刷、裝飾品等領域。自從接受Brothers公司委託製作字體後，便陸續開始替許多公司製作公司標誌，具有全球性的影響力。House Industrial也力圖求新求變，招聘了許多才華洋溢的設計師，每年都會推出2～3種字體系列。

01

02

03

04 | MoMA挑選的設計商品
MoMA Design Store

1929年開館的紐約現代博物館MoMA，一直以來努力為大眾介紹當代傑出的設計系列作品，除了美術作品以外，像是電影、攝影、建築、設計等等，也都被列為是美術的重要領域。MoMA也會透過企劃性展覽，展出許多優秀設計作品，同時也有設計商店，販賣多種產業下的設計作品，MoMA的店就位於紐約最潮的購物中心地帶。

05 | 摩登&當代風格餐具
Chilewich

出生紐約的設計師Sandy Chilewich創立的同名品牌，主要生產摩登設計風格的桌巾，對營造現代餐桌藝術風格的效果非常好。她利用有彈性的材質做成標籤，這一項作品因為獲得MoMA的青睞而開始受到各界矚目，之後她又利用乙烯基做成餐墊、車內地毯及各式織品，目前也有包包、托特包與化妝包等。

06 | 散發設計師個性的裝飾品
Areaware

充滿年輕、有才華的設計師個性，再加上一點日常元素，獨特的設計裝飾品就這麼誕生了，追求有感覺的設計，對於嘗試新東西絕對沒有半點猶豫。Areaware以大衛·威克斯（David Weeks）、哈利·艾倫（Harry Allen）、羅思·曼奴茲（Ross Menuez）等設計師為主軸，追求多元化的合作，產品材質以木材居多，強調顏色，尤其是木質機器人Cubebot，已經成為Areaware的招牌商品。

07 | 摩登與民族風混搭的室內設計
Jonathan Adler

喬納森·阿德勒（Jonathan Adler）最早是瓷器設計師，後來用自己的名字開了公司，發展成全方位的設計品牌，業務範圍涵蓋家具、燈具、寢具、裝飾品的設計，而家具偏向摩登風格，燈具與裝飾品則追求民族風，他擅長混搭這兩種不同的風格，創作出許多獨特的作品，此外也有提供布置空間的服務。

08 | 以金屬工藝打底的裝飾品
Michael Aram

麥克·阿拉姆（Michael Aram）是一位金屬工藝家，擅長金屬鑄型表現手法，當他還是學生時，曾經去印度旅行，給了他許多靈感，決心創作出以人為本、網羅大自然元素的設計，這類的作品有用枯枝做成的相框、樹葉造型碗缽等等。Michael Aram的金屬產品是以彎曲、敲打、伸展等傳統方式製作，被譽為匠心精神達到極致的作品。

09 | 從蝶古巴特起步的全方位室內設計服務
John Derian

蝶古巴特是一種拼貼藝術，把喜歡的圖案或照片剪下來，然後拼貼到家具或物體上，約翰·德里安（John Derian）是知名的蝶古巴特設計師，所以他的作品很多都具有復古的氣息，也有很多是水彩畫風，見到他的作品就好像在欣賞提姆波頓（Tim Burton）的畫作一樣。他在曼哈頓經營複合式商店，店內販售蝶古巴特風裝潢家具，設計特徵為古典並富含巧思創意。

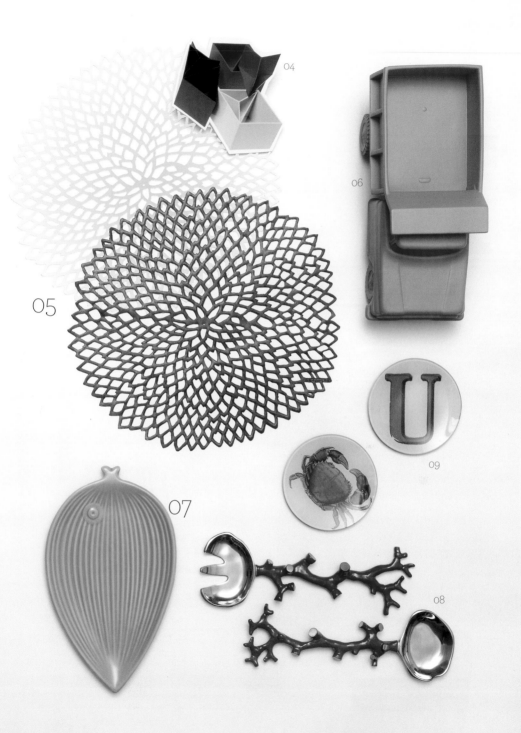

04

06

05

U

09

07

08

01

03

02

04

05

06

07

Part 2

FABRIC & FURNITURE

眾多結合歷史、概念、風格的品牌，造就了美國的居家設計，接下來介紹浸濡在美國自由文化氛圍中的家飾家具品牌

01、02│自然元素與現代美學的結合
Hudson Furniture

紐約家具設計師巴拉思（Barlas Baylar）推出的品牌。將世界各國樹齡達250～300年的老樹風貌實際呈現在設計中，有機線條與幾何學型態令人印象深刻，其中再加上閃光玻璃（Flash Glass）、青銅金屬等充滿現代感的材質，演繹出華麗、優雅的氣息。

03│獨具匠心的鉅作
中島勝壽

得到手藝真傳的中島，從1941年開始在美國製作家具，追求日本木材工藝精神的中島勝壽系列作品，全都充滿了濃厚的東洋線條美，這位二十世紀的家具設計大師，最懂得如何表現木頭固有的紋路、樹節、光澤與質感。

04│充滿設計感的獨特織品布料
Maharam

自1902年Lewis Maharam成立以來已超過100年的歷史，現在是聞名全球的裝潢織品品牌，產品以優質家具布料與窗簾布料、壁紙為主。網羅二十世紀知名的Alexander Girard、Charles & Ray Eames、Verner Panton、Gio Ponti等設計師為其設計的各式織品，也跟其他活躍於業界的設計師一起合作。

05│在戰場上發光發熱的鋁椅
Emeco

第二次世界大戰時，Emeco受到美國政府的請託，希望能幫忙製造可以忍受風吹雨打、堅固，又能用於航海的椅子，於是輕盈堅固、可以使用一輩子的椅子「1006」終於誕生了，也有一些人暱稱這些椅子為「海軍椅」。Emeco是專門製作鋁椅的公司，最近的話題是利用回收的可口可樂瓶做成「111 Navy Chair」，由此可見Emeco也是非常重視環保的公司。

08

09

06 | 舒適又好用的美式休閒椅
LA-Z-BOY

影集《六人行》裡經常出現的休閒椅正是LA-Z-BOY的產品，LA-Z-BOY的休閒椅追求舒服與安樂氣氛，因此非常討現代人喜歡，其實為了開發一系列的椅子，LA-Z-BOY足足投入了80幾年的研究時間與努力，也難怪能做出這麼受歡迎的椅子。休閒椅的腳托是三段式可調功能，椅背也有高達十八段的調節功能，最大可以攤平到180度，使用者在坐下來的瞬間，立刻能調整到最舒服的姿勢。

07 | 摩登家具，混搭復古風潮
MGBW

為了跟現代化的城市氛圍相呼應，雖然追求整體設計的摩登感，但也會添加溫暖色調與復古元素，MGBW發揮專長讓這兩種截然不同的風格能夠混搭得有聲有色。家具

材質主要為棉、麻、亞麻、安哥拉山羊毛等自然素材，產品類型從燈具、地毯到飾品都有，提供全方位的裝潢產品。

08 | Ralph Lauren轉向摩登的感性
Ralph Lauren Home

Ralph Lauren Home為大眾帶來美式實用主義與奢華的組合，產品特點是一方面保留Ralph Lauren特有的古典與厚重魅力，一方面又能迎合現代裝潢，結合摩登元素創作出最合宜的產品。有別於Ralph Lauren Home的半經典風格家具，餐具產品為比較接近強調繪畫感覺的東方風格。

09 | 強調設計感的辦公家具
Knoll

1983年漢斯・諾爾（Hans Knoll）與佛蘿倫絲・克諾（Florence Schust Knoll）夫婦創立的辦公設

計家具品牌。積極尋求與知名設計師合作，產品類型很多，有椅子、桌子、織品等等。經典產品有Mies van der Rohe的Barcelona Chair、Marcel Breuer的Wassily Chair、Eero Saarinen的Tulip chair以及Frank Owen Gehry的Cross Check Chair等等。

10 | 提供頂級舒適感的床墊
Sealy

注重床墊衛生問題的Sealy嘗試在床墊內塞入棉花，終於在歷經幾次失敗後，開發出壓縮棉花的技術，製作出耐用又有彈性的床墊。Sealy的眾產品之中，又以使用專利美姿彈簧（Posturepedic）的Elysee系列提供最頂級的舒適感。Sealy可說是注重摩登感、強調細節的最佳床墊品牌。

11 | 木製工藝家具
Ethan Allen

以紐約為據點的木製家具製造商，擁有一流的專業工廠設施與工藝人才，每年都會考察全球的設計風向，開發新的系列家具，在美式風格下創造出各式各樣的空間藝術。家具特色是暗色系與稍大的體積。

12 | 辦公室家具精品品牌
Herman Miller

美國知名的辦公室家具品牌，Herman Miller早期是從普通家用家具做起的，後來才開始嘗試小規模的辦公室家具設計，與當代大師級水準的設計師，像是吉爾伯特·路德（Gilbert Rohde）、納爾遜·喬治（Nelson George）、Charles & Ray Eames、Alexander Girard、野口勇等人，一起攜手合作設計出許多優秀作品。

Part 3

DAILY GOODS & ELECTRONICS

美國的居家市場向來追求實用性與設計感的和諧,接下來精選幾家美國生活用品、雜貨、家電品牌。

01、06│強調方便性的廚房用品
Oxo

廚房用品品牌,最早起源於薩姆‧法伯(Sam Farber)為了手不方便的妻子而設計的廚房用品,特徵是講究人體工學的設計,凸顯方便與機能,追求適合各種年齡層、不分男女,所有人皆可用的設計性。Oxo有180種產品曾經獲獎,由此可見機能與設計的優越地位。

02│頂級立體音響
Bose

位於美國波士頓近郊的Bose是專業音響系統製造商,為了呈現高傳真音效,不斷努力研究科學新技術,陸續開發出許多獨創商品。Acoustimass base speaker甚至還被美國史密森尼博物館列為永久展示品,受到肯定的程度可見一斑。除了音響設備以外,也開發出減少雜訊干擾的頭戴式耳機,此外安裝在跑車、高級房車上的音響系統也很著名,是很多大廠愛用的牌子。

03│環保衣物清潔品牌
Laundress New York

生產高級衣物、布料專用的頂級洗劑與保護衣料的商品。在康乃爾大學攻讀纖維與服裝設計的Lindsey Wieber與Gwen Whiting畢業後,曾在香奈兒與Ralph Lauren從事設計與產品開發的工作,累積一些經驗與知識之後,開設了製造衣物清潔品的公司,標榜可以讓衣服就像新買的一樣,避免一些有害物質破壞衣物,除了清潔劑之外也生產浴室配件。

04│世界密閉容器代名詞
Tupperware

Tupperware的靈感是來自於油漆桶的密封效果,曾獲選為二十世紀改變人類歷史的39件發明中的其中一項,被譽為家庭廚房的革命性用品。早期商品「Seal」(蓋子)主打除了能讓食物常保新鮮,還可以解決冰箱內的收納問題,隨著時間的流逝,商品的用途與效果更受好評,現在Tupperware已經是食物保存容器的代名詞。

01

02

03

04

THE LAUNDRESS

SIGNATURE
DETERGENT

classic

THE LAUNDRESS
NEW YORK

Tupperware

Tupperware

Tupperware

Tupperware

Tupperware

05｜主廚們大推的廚房家電
Cuisinart

1970年Carl Sontheimer從法式料理文化傳統得到靈感後創立的品牌，公司成立初期所推出的食物處理機，因其嶄新的技術加上有如藝術品一般的外觀設計，立刻就受到全世界矚目。目前產品類別擴大到咖啡機、吐司機、打蛋機、迷你洋蔥切碎器等等，在美國以最高的市場佔有率自豪，是Paul Bocuse、Jacques Pepin、Julia Child這些世界有名的廚師心目中理想品牌第一名。

07｜擁有百年歷史的電動工具品牌
Black & Decker

擁有百年歷史的美國電動工具品牌，專門生產電動工具、配件、家庭用品、室外設備等等，擁有世界最早的手槍式鑽孔機專利，1979年更推出充電式吸塵器，致力於求新求變，希望能將家用與DIY工具的性能設計到最好。

08｜穿上設計外衣的清潔器容器
Method

彼此為室友關係的Ryan和Lowry為了打掃屋子而外出購買清潔劑，但是卻因為挑不到合適的產品只好空手而回，因此產生創立Method的念頭。他們學以致用，發揮環境科學的專長，利用純天然的原料做出具有超強洗淨能力的清潔劑，包裝的部分請來了前三大知名的產業設計師Karim Rashid擔綱，因而有了水滴造型瓶子的誕生。

09｜美國知名掃地機器人
iRobot

iRobot是由一群科學家創立的專業機器人企業，希望能透過機器人的自動化與大眾化，提供社會更舒適的生活。iRobot目前製造與設計美國80%以上的機器人，在全球各地共銷售了800萬台的產品。繼第一代、第二代掃地機器人後，目前已經發展到第三代，2010年開始推Roomba Professional，有更多種的價格、顏色與配件可以選擇。

07

08

09

06

05

照片／文成珍

11處設計人不藏私推薦好店

Hot Spots 11

美國有許多值得參考的裝潢設計書籍，《etc》與《the stylist's guide to NYC》便是其中之二，這兩本書清楚介紹了目前在紐約非常活躍的設計師，像是Sibella Court等，以及一些值得設計人去觀摩的地方。接下來介紹設計人最愛窩的地方，分別有一家書店、三家生活用品店、四處博物館與三間飯店。

Book Store

Clic Bookstore & Gallery

專業造型師出身的克莉絲汀·塞勒（Christiane Celle）於2008年開設的書店兼照片館。位於紐約市區與蘇活區的Clic Bookstore建築物外觀古色古香，柱子和外牆漆成黑色，增添一種時尚的感覺。陽光從大片玻璃窗戶灑進，照片館裡陳列簡單，不會帶給人壓迫感，散發出悠閒的氣氛，這就是紐約客為什麼這麼鍾愛這裡的理由。木製書櫃與黑色圓鐵桌的搭配也是亮點之一。

「作品和空間之間的和諧氣氛非常好，攝影照片與藝術書籍的安排也很棒，瀏覽部落格更新的照片也挺有意思。」
《Martha Stewart》總編輯 趙敏靜

Add：255 Centre Street, New York
Tel & Web：1-212-966-2766
www.clicgallery.com
Open：平日上午11點～晚上7點，星期日中午12點～6點

Shop

Anthropologie

Anthropologie為正宗美國生活用品店，若把位於美國、加拿大、英國的實體店面與網路商店加一加，共有高達175間店。光是棉被就有多種風格，有用色大膽的拼布的棉被、或者是色彩豔麗並且有民族圖騰刺繡的棉被，可以看出Anthropologie超越國家文化的藝術感。充滿巧思的掛勾與裝飾品，也是這裡很受歡迎的品項，此外也有流行服飾系列甚至是裝潢用品。

「因為每家賣場的商品陳列都會有一些不同，所以我總會去好幾間看看。去年夏天我在Rockefeller Center店入口處看到許多裝飾用的大型紙花，讓我印象深刻，而且細節與作工都很精緻，令我為之讚歎。」
室內設計師 関松怡

Add: 50 Rockefeller Center , New York
Tel & Web: 1-212-246-0386
www.anthropologie.com
Open：平日上午10點～下午9點，星期日上午11點～下午8點

The Future Perfect

充滿了獨特、魅力設計單品的「The Future Perfect」在曼哈頓與布魯克林區共有兩家店，創辦人是大衛·阿爾哈德夫（David Alhadeff）。商品類型很多樣，有林賽·阿德爾曼（Lindsey Adelman）充滿裝飾藝術風的吊燈、亞米·海因（Jaime Hayon）的水晶玻璃裝飾品等等，範圍五花八門，讓人眼花撩亂。大衛·阿爾哈德夫眼光獨到，遊走在裝飾美術與現代設計之間，他引進的商品都非常受歡迎，也因為這樣，口碑越來越好，才能繼布魯克林區的Williamsburg之後，又到曼哈頓開店。來紐約的設計人務必要到The Future Perfect朝聖。

「Moss是比The Conran Shop更有個性的店，我想The Future Perfect可以稱為Moss第二。來這裡，絕對會見識到各種天馬行空的設計，以及個性色彩強烈的設計家具與裝飾品，可以稱作一家『前衛摩登』的商店。」
《Martha Stewart》總編輯 趙敏靜

Add：115 North 6th Street , Brooklyn
Tel&Web：1-718-599-6278
www.thefutureperfect.com
Open：白天12點～晚上7點

Design Within Reach

DWR是「Design Within Reach」的縮寫，在這裡可以看到二十世紀許多摩登設計師們的作品，像是亞諾·傑克森（Arne Jacopsen）的Swan Chair、查爾斯&雷·伊莫斯（Charles & Ray Eames）的Side Shell Chair、喬治·尼爾森（George Nelson）的Ball Clock、

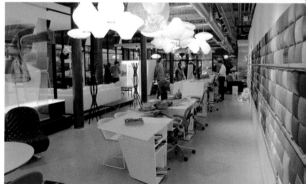

芬尤（Finn juhl）的Pelican chair，甚至是Philippe Starck與Tom Dixon的設計也都有。店家在排列、布置方面很用心，在裡頭稍微逛逛，很快就能培養出欣賞家具的眼光。雖然種類不多，但DWR經常舉行折扣，幸運的話可以用非常優惠的價格買到心儀的家具。DWR遍布美國全區，光是在紐約就有6家分店。

「遍布於美國全區的DWR，是一個能夠充分感受到美國人熱愛設計家具的地方。」
INNOVAD課長 李明善

「在這裡，可以知道美國家具、燈具、裝飾品的流行趨勢。」
10 Corso Como首爾飾品採購課長
宋愛多

Add：68 Wooster St, New York
Tel & Web：1-212-475-0001
www.dwr.com
Open：平日上午10點～晚上7點，星期六上午11點～晚上7點，星期日中午12點～晚上6點

Museum

MoMA PS1

MoMA PS1是紐約MoMA旗下機構之一，是現今美國最大、歷史最悠久的現代美術館，PS是Public School的縮寫，由老舊廢棄的公共教育機關建築改建而成。自1971年與MoMA合併後，便開始有許多合作項目，在這裡可以看到最有實驗性的現代美術作品，PS1為紐約現代美術家的集散地，每年會辦超過50回以上的展覽，對世界繪畫、攝影、設計美術等領域的實驗性作品有興趣的人一定要來這裡參觀。

「裡面的展示品都令人印象深刻，我覺得最特別的是三層樓高的詹姆士・特勒爾（James Turrell）的『Meeting』，透過空間可以實地體驗作品的魅力。館內天花板上的孔洞，是經過精密計算引進的自然光，再搭配人工照明設備，營造出非常夢幻的氣氛。」
Kimreeaa Gallery館長 金細井

Add：22-25 Jackson Ave. Long Island City
Tel & Web：1-718-784-2084
momaps1.org
Open：平日中午12點～下午6點（星期二、三公休）

Barnes Foundation

位於費城的Barnes Foundation是以培養美術欣賞與教育為目的而建立的博物館，館內的著名收藏品有印象派的雷諾瓦、塞尚與馬蒂斯等知名畫家的作品，Barnes Foundation現由1922年艾伯特・C・巴恩斯（Albert C. Barnes）所創辦的Barnes集團負責經營。這裡展出的作品類型非常豐富，有印象派畫家的作品、畢卡索早期的作品、古典家具、寶石、瓷器、藝術品等等。由於展覽的方式很獨特，可以凸顯每個藝術家的作品世界，這對無法常常接觸藝術品的學生來說，是非常棒的學習機會。需留意的是，如果沒有事前預約是無法進場的。

「這裡有最原始的美術作品,加上 Barnes House的感性,來到這裡就好像去鄰居家一樣,很舒服自在,而且又非常美麗。」
《etc》與《the stylist's guide to NYC》作者、造型師 Sibella Court

Add:2025 Benjamin Franklin Parkway, Philadelphia
Tel & Web:1-215-278-7000
www.barnesfoundation.org
Open:星期一、三、五〜日上午9點30分〜下午5點

New Museum

New Museum是Whitney Museum 的館長Marcia Tucker於1977年成立的博物館,在成立之時就對外宣布此館不以營利為主,所以館內的收藏品比較少,不過還是常常可以看到新進的藝術品。這裡有許多紐約新銳設計師的作品,而且也經常舉辦展覽,記得要密切注意官網發布的展覽訊息。New Museum裡頭也有自家經營的禮品店,可以買到極具創意巧思與設計的商品以及相關書籍。

「New Museum在2007年新完工的大樓,散發一種『簡約到無以復加』的美感,是追求『能敞開心房』建築的日本建築事務所SANAA所設計的,外觀看起來就像堆疊起來的箱子,沒有重疊到的部分,肩負起疏通外面與內部的重責大任。這棟建築在當時被《紐約時報》讚譽為『讓人們重新相信,紐約的確是一個文化尚在進行的城市。』」
《CASA LIVING》編輯 韓藝俊

Add:235 Bowery , New York
Tel & Web:1-212-219-1222
www.newmuseum.org
Open:星期三、星期五〜日上午11點〜下午6點,星期二上午11點〜下午9點

The Museum of International Folk Art

位於新墨西哥州聖塔菲的國際民俗美術館,是一座蒐藏來自全球各地手工藝作品的博物館,這座博物館的成立起源於1939年亞歷山大·吉拉德(Alexander Girard)與蘇珊·吉拉德(Susan Girard)從墨西哥

新婚旅行回來後，開始熱中於收集
全世界的雕刻品，網羅了全世界六
大洲100多個國家，各種民族特有的
手工藝術品，可以看到許多串珠裝
飾、織品、符咒、迷你村莊模型、
口罩、織物、瓷器、娃娃等等。

「那些從世界各國收集而來的手工藝
品，除了擁有各式各樣的設計，似
乎還存在著能夠娛樂日常生活的魔
法。」
《etc》與《the stylist's guide to NYC》
作者、造型師 Sibella Court

Add：706 Camino Lejo, Santa Fe
Tel&Web：1-505-476-1200
www.internationalfolkart.org
Open：星期二～日上午10點～下午5點
（星期一公休）

Hotel

Ace Hotel

在紐約、西雅圖、波特蘭、棕櫚泉
都有據點的Ace Hotel，打從開張第
一天，就一直是話題製造機。設計
出這棟位於曼哈頓市中心的飯店，
正是設計葛妮絲·派特洛與凱特·
哈德森住所的紐約設計師羅曼與威
廉斯（Roman and Williams）。
摩登復古的家具顯現出飯店內部的
氣派，整間飯店圍繞著現代藝術氣
氛，更不難看到重新詮釋街頭塗鴉
藝術的細節。欣賞完Ace Hotel與美
國本土設計師與藝術家聯合展出的
作品後，確實能感受到其他飯店所
沒有的感性。

「簡單，卻有許多繽紛的設計，到處
都可以發現驚奇的地方，就連吹風
機、收納袋這種小細節也為你設想得
很周到！」
室內設計師 閔松怡

Add：20 West 29th Street , New York
Tel & Web：1-503-546-9772
www.acehotel.com

NoMad Hotel

外觀非常氣派宏大的NoMad
Hotel，就位於紐約曼哈頓中心點，
這家感覺非常堅實的飯店，到處充
滿了歷史痕跡，每個建築細節都很
講究，所有的環節自然是面面俱
到。飯店內混合了摩登與波斯風格
的設計，乃出自於法國設計師雅
克·加西亞（Jacques Garcia）

之手，飯店大廳攝人心魂，單一的
用色搭配很有異國情調的吊燈與中
東風圖騰，每間客房都配置華麗的
四腳浴缸。NoMad Hotel內紀念
品店所販售的獨特商品，是與巴黎
Masion Kitsuné合作設計的。

「NoMad Hotel是紐約奢華飯店的代
表，裡頭的精美裝潢很值得一看，或
許你會覺得大廳跟餐廳簡直是極盡奢
華之能事的程度，不過客房真的非常
美麗，甚至到了性感的地步，因為他
們把古典摩登和波斯奢華配合得恰到
好處。」
　　《Martha Stewart》總編輯 趙敏靜

Add：1170 Broadway&28th Street，
New York
Tel & Web：1-217-796-1500
www.thenomadhotel.com

The Nolitan

The Nolitan是2011年8月在紐約諾麗塔區開幕的精品飯店，一樓的玻璃牆好像把附近一帶的景色通通吸到眼前來一樣，大廳和五十五間客房的風格洗鍊有情調，可以感受到設計者的用心，飯店內沒有任何一處讓人感到不悅，好像回到自己家一樣舒適。大廳是適合跟家人一起享受食物、下盤西洋棋的好地方，陳列許多Phaidon出版社書籍的小圖書館，非常別出心裁。

「The Nolitan以直線、色彩輕快呈現摩登、古典風格的大廳，最讓我印象深刻，而且飯店提供的盥洗組也非常高級美麗。」
《Martha Stewart》總編輯 趙敏靜

Add：30 Kenmare Street, New York
Tel & Web：1-212-925-2555
www.nolitanhotel.com

發現居家設計品牌商店

Shops

這裡依照各品牌的國別與字母順序，整理出許多國內目前可以買到經典品牌的店家資料（資料內容以2014/12/31前有效），如有異動以各代理商或各專櫃公告為主。此處沒有提到的品牌也能透過專營品牌經銷的購物網站，或是有提供客製化配置建議的店家進行代購，例如北歐櫥窗（www.nordic.com.tw）、原生國際（www.yuansheng.com.tw）等。

Scandinavian
北歐

丹麥

Bodum ▶ p.033
恆隆行貿易股份有限公司
台北市內湖區洲子街82號1樓
0800-251-209
www.hengstyle.com/index.aspx

Fritz Hansen ▶ p.031
丹意信實名品
台北市仁愛路三段129號1樓
02-2721-3918
www.danese-lealty.com.tw

Normann Copenhagen ▶ p.031
Design Butik 集品文創
台北市松山區民生東路五段38號
02-2761-2596
www.designbutik.com.tw

PP Møbler ▶ p.036
惟德國際有限公司
台北市信義區忠孝東路五段236巷33號
02-8789-2086
www.wellwood.tw/index.php

Royal Copenhagen ▶ p.032
台灣可本哈根皇室股份有限公司
台北市仁愛路三段136號11樓1107室
02-2706-0084
www.royalcopenhagen.com.tw/

挪威

Stokke ▶ p.036
奇哥
台北市南京東路四段186號5樓
02-2578-1188
shopping.chick.com.tw/category?bid=11

British
英國

Established & Sons ▶ p.115
卡希納傢飾生活館

台北市金山南路一段32號1樓
02-2321-8885
www.hnlin.com.tw

Joseph Joseph ▶ p.122
HOLA特力和樂內湖店

台北市內湖區新湖三路23號
02-8791-5567
www.josephjoseph.com.tw/

Laura Ashley ▶ p.124
Laura Ashley忠孝專櫃

台北市大安區忠孝東路四段45號9樓
02-2740-9662
www.laura-ashley.com.tw/

Original BTC England ▶ p.118
摩登波麗

台北市大安區復興南路一段295巷16號
02-2703-9138
www.modpolyltd.com/

Portmeirion ▶ p.121
Royal Albert ▶ p.122
居禮名店

台北市忠孝東路三段239號1樓
02-2731-7779
www.mylife.com.tw/

Sanderson ▶ p.125
雅緻Archehome

台北市大安區安和路二段64號
02-2704-8766
www.archehome.com.tw/

Tom Dixon ▶ p.118
MOT/CASA

台北市復興南路一段2號B1、B2
02-8772-7178
www.motstyle.com.tw/cht/CASA.php

Wedgwood ▶ p.121
瑋緻活復興館

台北市大安區忠孝東路三段300號9F
02-8772-0120
www.wedgwood.com.tw/index.htm

Italia
義大利

Artemide ▶ p.152
Artemide概念店

台北市大安區仁愛路四段121號
02-2775-5137
www.bravocasa.com.tw

B&B Italia ► p.150
B&B ITALIA Taipei

台北市大安區敦化南路二段39號
02-2755-5855
www.facebook.com/bebitalia.tw

Calligaris ► p.151
美閣傢飾

台北市中山區敬業三路123號9F A209室
02-8502-7668
www.calligarisshoptaiwan.com.tw

Euromobil ► p.153
Toncelli ► p.152
當代國際

台北市大安區東豐街25號
02-2706-5000
www.dang-dai.com.tw

Flex Form ► p.150
晴山美學

台北市南京東路3段269巷2-1號
02-2719-9100
www.ching-shang.com.tw

Flos ► p.154
Luxury Life四維門市

台北市四維路126號
02-2700-2218

www.luxurylife.com.tw

Minotti ► p.148
清歡國際生活傢飾

台北市中山區敬業一路36巷3-13號
02-2532-5055
www.facebook.com/
QingHuanGuoJiShengHuoJiaShi

Poltrona Frau ► p.148
Poltrona Frau Taiwan

台北市松德路200巷1號B1
02-8789-0299
www.poltronafrau.com.tw/index.asp

Zanotta ► p.149
卡希納傢飾生活館

台北市金山南路一段32號1樓
02-2321-8885
www.hnlin.com.tw

German
德國

Fissler ► p.187
德國Fissler專櫃

台北市忠孝東路四段45號8樓
02-7711-5559
www.fissler.com.tw

Hansgrohe ▶ p.187
阜都興業
台北市信義區仁愛路四段436號1樓
02-2729-8398
www.imaxbath.com.tw

Henckel ▶ p.187
德國雙人旗艦店
台北市內湖區洲子街73號
02-8751-9918
www.zwilling.com.tw

Hülsta ▶ p.185
優勢達睡眠精品館
新北市汐止區康寧街751巷13號2F
B2008室
02-2691-5834
www.asehome.com

Kare ▶ p.182
法蝶市集八德店
台北市松山區八德路三段32號1樓
02-2577-8929
www.lafattehome.com/

Koinor ▶ p.180
大都會國際家具館
台北市中山區敬業三路123號9F A201/
A202室
02-8502-5085
www.magical-furniture.com.tw

Lamy ▶ p.189
誠品信義店精品館
台北市信義區松高路11號2F
02-8789-3388
www.mylamy.com.tw

Leica ▶ p.189
興華拓展台北旗艦店

台北市中正區博愛路28號
02-2370-5632
www.schmidtshop.com.tw

Leicht ▶ p.186
德匠名廚
高雄市鼓山區明誠四路218號
07-522-6888
www.leicht.com.tw

Miele ▶ p.186
嘉儀企業
台北市中山北路6段77號6F
02-2834-1795
miele.kenk.com.tw

Musterring ▶ p.183
美閣傢飾風格館
新北市汐止區康寧街751巷13號1F E1022室
02-2691-6106
www.musterring.com.tw

Rimowa ▶ p.190
Rimowa旗艦店
台北市大安區敦化南路二段95號1F
02-2701-1006
www.rimowa.com.tw

Rolf Benz ▶ p.181
丹意信實名品
台北市仁愛路三段141號1樓
02-2721-3966
www.danese-lealty.com.tw

Sennheiser ▶ p.189
音悅音響
台北市中正區重慶南路二段59號1F
02-2392-8558
www.uni-announce.com.tw

Villeroy & Boch ▶ p.188
楠弘貿易台中林氏門市
台中市南屯區河南路四段445號
04-2380-1506
www.lafon.com.tw

Walter Knoll ▶ p.184
易雅居進口傢俱
台北市敦化南路一段252巷23號
02-2776-6628
www.yi8c.com

WMF ▶ p.188
WMF忠孝專櫃
台北市忠孝東路四段45號8樓
02-8771-6894
www.lotus168.com.tw

Zeitraum ▶ p.184
Loft29 Collection
台北市大安區仁愛路三段123巷11-2號
02-8771-3329
www.collection.com.tw

America
美國

Areaware ▶ p.206
Loft29 Collection
台北市大安區忠孝東路三段248巷13弄20號
02-2773-0129
www.collection.com.tw

Belkin ▶ p.204
Youth 敦南店
台北市敦化南路一段219號
02-2773-0311
www.facebook.com/AppleYouth

Black & Decker ▶ p.214
HOLA特力和樂
台北市士林區基河路258號B1
02-2889-1000
bdk.stanleyblackanddecker.com.tw

Bose ▶ p.212
BOSE MIRAMAR STORE
台北市中山區敬業三路22號1樓
02-2175-3150

Emeco ▶ p.209
MOT/CASA
台北市復興南路一段2號B1、B2
02-8772-7178
www.motstyle.com.tw

Ethan Allen ▶ p.211
鶱信家居

臺北市士林區天玉街41號
02-2876-5808
blog.xuite.net/emily.andy/ea

Herman Miller ▶ p.211
雅浩家具

台北市敦化北路214號2樓
02-2712-0333
www.yaho.com.tw

iRobot ▶ p.214
HOLA特力和樂

台北市內湖區新湖三路23號
02-8791-5568
www.roombavac.com.tw/index.html

Knoll ▶ p.210
Luxury Life四維門市

台北市四維路126號
02-2700-2218
www.luxurylife.com.tw

Laundress New York ▶ p.212

10/10 HOPE

台北市信義區菸廠路88號1F
02-6636-5888
www.1010hope.com/index.php

LA-Z-BOY ▶ p.210
HOLA CASA和樂名品

台北市士林區基河路258號B1
02-2883-8981
www.holacasa.com.tw

Method ▶ p.214
HOLA特力和樂

台北市士林區基河路258號B1
02-2889-2000
www.methodproducts.com.tw

MGBW ▶ p.210
丰巢復興旗艦店

台北市大安區復興南路二段88號
02-2700-7718
www.thefustore.com.tw

Ralph Lauren Home ▶ p.210
紐約家具設計中心

新北市新莊區新北大道四段506號2樓B010
02-8522-5266
www.new-world.com.tw

Sealy ▶ p.211
席伊麗精品館

台北市仁愛路一段45號
02-2321-9086
www.sealy.com.tw

朱雀文化
和你一起品嘗生活的美好

台北市基隆路二段 13-1 號 3 樓
http://redbook.com.tw
TEL：(02)2345-3868
FAX：(02)2345-3828

MAGIC系列

MAGIC002	漂亮美眉髮型魔法書—最IN美少女必備的Beauty Book／高美燕著 定價250元
MAGIC004	6分鐘泡澡一瘦身—70個配方，讓你更瘦、更健康美麗／楊錦華著 定價280元
MAGIC006	我就是要你瘦—26公斤的真實減重故事／孫崇發著 定價199元
MAGIC008	花小錢做個自然美人—天然面膜、護髮護膚、泡湯自己來／孫玉銘著 定價199元
MAGIC009	精油瘦身美顏魔法／李淳廉著 定價230元
MAGIC010	精油全家健康魔法—我的芳香家庭護照／李淳廉著 定價230元
MAGIC013	費莉莉的串珠魔法書—半寶石．璀璨．新奢華／費莉莉著 定價380元
MAGIC014	一個人輕鬆完成的33件禮物—點心．雜貨．包裝DIY／金一鳴、黃愷縈著 定價280元
MAGIC016	開店裝修省錢＆賺錢123招—成功打造金店面，老闆必修學分／唐芩著 定價350元
MAGIC017	新手養狗實用小百科—勝犬調教成功法則／蕭敦耀著 定價199元
MAGIC018	現在開始學瑜珈—青春，停駐在開始練瑜珈的那一天／湯永緒著 定價280元
MAGIC019	輕鬆打造！中古屋變新屋—絕對成功的買屋、裝修、設計要點＆實例／唐芩著 定價280元
MAGIC021	青花魚教練教你打造王字腹肌—型男必備專業健身書／崔誠兆著 定價380元
MAGIC024	10分鐘睡衣瘦身操—名模教你打造輕盈S曲線／艾咪著 定價320元
MAGIC025	5分鐘起床拉筋伸展操—最新NEAT瘦身概念＋增強代謝＋廢物排出／艾咪著 定價330元
MAGIC026	家。設計—空間魔法師不藏私裝潢密技大公開／趙喜善著 定價420元
MAGIC027	愛書成家—書的收藏×家飾／達米安．湯普森著 定價320元
MAGIC028	實用繩結小百科—700個步驟圖，日常生活、戶外休閒、急救繩技現學現用／羽根田治著定價220元
MAGIC029	我的90天減重日記本90 Days Diet Diary／美好生活實踐小組編著 定價150元
MAGIC030	怦然心動的家中一角—工作桌、創作空間與書房的好感布置／凱洛琳．克利夫頓摩格著 定價360元
MAGIC031	超完美！日本人氣美甲圖鑑—最新光療指甲圖案634款／辰巳出版株式會社

編集部美甲小組 定價360元

MAGIC032 我的30天減重日記本（更新版）30 Days Diet Diary／美好生活實踐小組編著 定價120元

MAGIC033 打造北歐手感生活，OK！：自然、簡約、實用的設計巧思／蘇珊娜‧文朵, 莉卡‧康丁哥斯基著 定價380元

MAGIC034 生活如此美好：法國教我慢慢來／海莉葉塔‧希爾德著 定價380元

MAGIC035 跟著大叔練身體：1週動3次、免戒酒照聚餐，讓年輕人也想知道的身材養成術 ／金元坤著 定價320元

LifeStyle系列

LifeStyle002 買一件好脫的衣服／季衣著 定價220元

LifeStyle004 記憶中的味道／楊明著 定價200元

LifeStyle005 我用一杯咖啡的時間想你／何承穎 定價220元

LifeStyle006 To be a 模特兒／藤野花著 定價220元

LifeStyle008 10萬元當頭家—22位老闆傳授你小吃的專業知識與技能／李靜宜著 定價220元

LifeStyle009 百分百韓劇通—愛戀韓星韓劇全記錄／單 蔓著 定價249元

LifeStyle010 日本留學DIY—輕鬆實現留日夢想／廖詩文著 定價249元

LifeStyle013 去他的北京／費工信著 定價250元

LifeStyle014 愛慾‧秘境‧新女人／麥慕貞著 定價220元

LifeStyle015 安琪拉的烘培廚房／安琪拉著 定價250元

LifeStyle016 我的夢幻逸品／鄭德音等合著 定價250元

LifeStyle017 男人的堅持／PANDA著 定價250元

LifeStyle018 尋找港劇達人—經典&熱門港星港劇全紀錄／羅生門著 定價250元

LifeStyle020 跟著港劇遊香港—經典&熱門場景全紀錄／羅生門著 定價250元

LifeStyle021 低碳生活的24堂課—小至馬桶大至棒球場的減碳提案／張楊乾著 定價250元

LifeStyle023 943窮學生懶人食譜—輕鬆料理＋節省心法＝簡單省錢過生活／943著 定價250元

LifeStyle024 LIFE家庭味— 一般日子也值得慶祝！的料理／飯島奈美著 定價320元

LifeStyle025 超脫煩惱的練習／小池龍之介著 定價320元

LifeStyle026 京都文具小旅行—在百年老店、紙舖、古董市集、商店街中，尋寶／中村雪著 定價320元

LifeStyle027 走出悲傷的33堂課—日本人氣和尚教你尋找真幸福／小池龍之介著 定價240元

LifeStyle028 圖解東京女孩的時尚穿搭／太田雲丹著 定價260元

LifeStyle029 巴黎人的巴黎—特搜小組揭露，藏在巷弄裡的特色店、創意餐廳和隱藏版好 去處／芳妮‧佩修塔等合著 定價320元

LifeStyle030 首爾人氣早午餐brunch之旅—60家特色咖啡館、130道味蕾探險／STYLE BOOKS編輯部編著 定價320元

LifeStyle031 LIFE2平常味：這道也想吃、那道也想做！的料理／飯島奈美著 定價320元

LifeStyle032 123人的家：好想住這裡！來看看這些家具公司員工的單身宅、兩人窩、 親子空間，和1,727個居家角落／Actus團隊編著 定價770元

LifeStyle033 甜蜜巴黎：美好的法式糕點傳奇、食譜和最佳餐廳／麥可保羅著 定價320元

123人的家

好想住這裡！
來看看這些家具公司員工的
單身宅、兩人窩、親子空間，
和 1,727 個家居角落

ok

打造北歐手感生活，OK！

自然、簡約、實用的設計巧思

MY LITTLE
PARIS
巴黎人的巴黎

MACARONS
傳奇與時尚

LADURÉE 馬卡龍．典藏版

境，隨心。心，隨境。

有人曾經來，有人要離開，
有人一而再一而再，要賴。

眾聲喧嘩以後。滄海以後。回來。以後。

伸展出來萬般自在。

這是我的。或者我們的——

宇宙。

星球。

島嶼。

國。

清境——

隨心，隨所欲。

Magic 036

一次搞懂全球流行居家設計風格

111 位最具代表性設計師、160 個最受矚目經典品牌，
以及名家眼中的設計美學

編著	CASA LIVING 編輯部
翻譯	李靜宜
美術設計	黃祺芸
編輯	古貞汝
校對	連玉瑩
行銷	林孟琦
企畫統籌	李橘
總編輯	莫少閒
出版者	朱雀文化事業有限公司
地址	台北市基隆路二段 13-1 號 3 樓
電話	（02）2345-3868
傳真	（02）2345-3828
劃撥帳號	19234566 朱雀文化事業有限公司
e-mail	redbook@ms26.hinet.net
網址	http://redbook.com.tw
總經銷	大和書報圖書股份有限公司（02）8990-2588
ISBN	978-986-6029-76-9
初版一刷	2014.12
定價	380 元

國家圖書館出版品預行編目

一次搞懂全球流行居家設計風格／
CASA LIVING編輯部著；李靜宜譯.
-- 初版. -- 臺北市：朱雀文化，
2014. 12
　面；　公分. --（Magic；36）
ISBN 978-986-6029-76-9（平裝）

1.家庭佈置 2.室內設計 3.空間設計

422　　　　　　　103023263

About 買書：
●朱雀文化圖書在北中南各書店及誠品、金石堂、何嘉仁等連鎖書店均有
販售，如欲購買本公司圖書，建議你直接詢問書店店員。如果書店已售完，
請電話洽詢本公司。
●●至朱雀文化網站購書（http://redbook.com.tw），可享 85 折起優惠。
●●●至郵局劃撥（戶名：朱雀文化事業有限公司，帳號 19234566），掛
號寄書不加郵資，4 本以下無折扣，5 ～ 9 本 95 折，10 本以上 9 折優惠。